零一八年

中國茶曆

陈伟群 主编

中国林业出版社

编纂说明

书名《**中國茶曆**》，书名印刷繁体汉字《中國茶曆》，在内文中均使用汉字简化字。封面、书脊采用编纂者创意选唐代书法大家颜真卿真迹集字而成。中國茶曆，选自颜真卿《麻姑山仙坛记》、《勤礼碑》、《自书告身帖竹山堂连句》、《大唐中兴颂》，秦汉时期通用"歷"字，从颜真卿真迹的碑文看，唐代"曆"字已是从"歷"字中分化出来专表"历法"之意，因此，没有集用同是颜真卿真迹的"歷"字。《中国茶历》选用汉字繁体字、颜真卿真迹集字，贯穿着编纂主旨即更忠实于历史信息。颜真卿与陆羽是朋友、是陆羽《茶经》事业的知音，在吴兴（今湖州）任刺史的颜真卿鼎力陆羽建茶亭（三癸亭），传为佳话。

《中國茶曆》编纂是一次创新工作，填补了中国茶日历的空白。为人们提供了科学实用的、信息生动的、通俗易懂的、携带方便的、笔记本式的年日历茶书。365 天每天一茶，各类茶叶 165 种（绿茶 113 种、黄茶 6 种、白茶 3 种、青茶 16 种、红茶 12 种、黑茶 8 种、花茶 7 种），还有节气茶、节气饮茶、节日饮茶、茶旅游目的地、茶博物馆、茶谚语、茶史迹、著名茶诗、饮茶画、茶经典、茶典故、茶演进，一本生活实用茶百科(附有中国茶历索引，编号对应月日，如0101对应一月一日)。2018《中國茶曆》的编纂出版，得益于中国林业出版社，也得益于图片拍摄者和茶学者专家，在此，向他们一并致以诚挚敬意和感谢。

茶，人人需要，"柴米油盐酱醋茶""琴棋书画诗酒茶花香"组成的美好生活离不开茶，少不了《中國茶曆》。

编纂者深感任重道远，2018《中國茶曆》的编纂出版，才走出了第一步。学识有限，定当更加勤奋；舛错之处难免，诚请来函指正。亦欢迎其他批评、建议，还欢迎参与《中國茶曆》相关活动，以期改进提高。联系电话：13910069500；电子邮箱2710002626@qq.com。

编纂者 陈伟群

正山小种红茶

正山小种红茶，红茶类，产于福建省武夷山市星村镇桐木关，创制于明代（1568），原创地崇安（今武夷山市），为历史名茶。原产地以武夷山市星村镇桐木关为中心，东至大王宫西近九子岗南达先峰岭北延桐木关，崇安、建阳、光泽三县交界处的高地茶园所产的小种红茶均为正山小种。"正山"乃真正"高山茶地区所产"之意。

春茶于立夏开始采摘，夏茶小暑前后采摘，一年采摘两季。选用鲜叶的标准是小开面 3~4 叶，不带毫芽。

制茶工艺工序是萎凋、揉捻、发酵、过红锅、复揉、熏焙、烘干。

成品正山小种红茶茶叶外形条索壮结，紧结圆直，不带芽毫，色泽乌黑油润，香高持久，微带松烟香气；汤色红艳浓厚，滋味甜醇回甘，有桂圆汤和蜜枣味，且带醇馥的烟香，活泼爽口；叶底肥厚红亮，带紫铜色。

冲泡正山小种红茶时，茶与水的比例为 1：30，投茶量 5 克，水 150 克（水 150 毫升）；主要泡茶具首选"三才碗"（温杯，投茶摇香，顺茶碗边缘缓缓注水后，加茶盖），也可用玻璃杯（采用下投法，先注水五分之一的开水，而后投入茶叶，半分钟后加至杯的五分之四，加用盖）；适宜用水开沸点，静候待水温降至摄氏 90~95 度（℃）时才用于泡茶叶。

图片来源：《中国茶谱》

星期一

一月一日 元旦

二九第二日

今日记录

古茶籽化石

1980 年，科研人员在贵州省晴隆县碧痕镇新庄云头大山海拔 1700 米的深山老林中，发现球粒化石，经中国科学院地化所和中国科学院南京地质古生物研究所鉴定，确认为茶籽化石，距今至少已有 100 万年，是世界上迄今为止发现最古老的、唯一的茶籽化石。

这古茶籽化石，把世界茶历史推进了一百万年以上。

TUESDAY. JAN 2，2018

2018 年 1 月 2 日

农历丁酉年·十一月十六

星期二

一月二日

二九第三日

今日记录

陆羽烹茶图（元）赵原

该画以陆羽烹茶为题材，用水墨山水画反映优雅恬静的环境，远山近水，有一山岩平缓突出水面，一轩宏敞，堂上一人，按膝而坐，傍有童子，拥炉烹茶。画前上首押"赵"字，题"陆羽烹茶图"，后款以"赵丹林"。画题诗："山中茅屋是谁家，兀坐闲吟到日斜，俗客不来山鸟散，呼童汲水煮新茶。"

陆羽烹茶图　赵原（元）纵27.0厘米，横78.0厘米　台北故宫博物院收藏

WEDNESDAY. JAN 3, 2018

2018 年 1 月 3 日

农历丁酉年·十一月十七

星期三

一月三日

二九第四日

🕊 今日记录

水西翠柏

水西翠柏，绿茶类，产于江苏省常州市溧阳北山地区，创制于 1984 年。形似翠柏，隐喻新四军抗日先烈如苍松翠柏、万古长青而得名。

清明前后采摘。采用鸠坑种和福鼎种茶树鲜叶为原料，选用鲜叶标准是肥壮芽苞至 1 芽 2 叶初展，分特级、一级和二级，鲜叶要求不带老叶、鱼叶、病虫叶、紫芽叶和枯梗等，鲜叶经摊凉 4 小时即可付制。制茶工艺工序两种，手工制法杀青、搓揉、整形、摊凉、辉锅干燥和精制；机械与手工结合制法机械杀青、机械搓揉理条、手工筛分摊凉和辉锅干燥。

成品水西翠柏茶叶的外形是形似翠柏，条索扁直，色翠显毫，清香持久，汤色清澈明亮，滋味鲜醇爽口，叶底嫩匀成朵。

冲泡水西翠柏时，茶与水的比例为 1：50，投茶量 3克，水 150 克(水 150 毫升)；主要泡茶具首选"三才碗"(盖碗)，也可用玻璃杯、紫砂壶、瓷壶；适宜用水开沸点，静候待水温降至摄氏 85 度（℃）时冲泡茶叶。

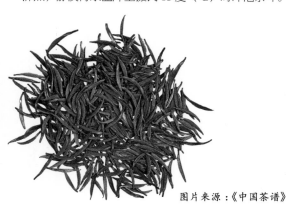

图片来源：《中国茶谱》

THURSDAY. JAN 4, 2018

2018 年 1 月 4 日

农历丁酉年·十一月十八

星期四

一月四日

 今日记录

二九第五日

茶和二十四节气时令·小寒

"小寒"是每年二十四节气中的第23个节气。小寒节气，表示进入冬季寒冷的季节，会有雪霜。这时的茶树在冬季休眠期，停止采摘制茶。

"小寒"节气里，喝什么茶？小寒时节，顺应养藏阳气，温和驱寒，补益阴精。适宜饮黑茶（六堡茶、普洱熟茶、金尖茶、砖茶，均在5年以上）。红茶（荒树红茶、陈年红茶）、乌龙茶（有焙火工序的乌龙茶）、白茶（白牡丹、寿眉，均在5年以上）。还要注意喝热茶水，不喝凉了的茶水。

2018 年 1 月 5 日

农历丁酉年·十一月十九

星期五

一月五日 小寒

二九第六日

卢仝与“七碗茶歌”

唐代卢仝（795~835），号玉川子，诗人。嗜茶成癖，著有《茶谱》，诗风浪漫，世人尊称其“茶仙”。他的《走笔谢孟谏议寄新茶》诗，传唱千年而不衰，其中尤以“七碗茶歌”最是脍炙人口：一碗喉吻润，二碗破孤闷。三碗搜枯肠，惟有文字五千卷。四碗发轻汗，平生不平事，尽向毛孔散。五碗肌骨清。六碗通仙灵。七碗吃不得也，唯觉两腋习习清风生。

卢仝的“七碗茶歌”，对后世的影响很大，几乎成了人们吟唱茶的典故，人们在煎茶品茗时，每每于“卢仝”“玉川子”相比，品茶赏泉兴味酣然，常常忆“七碗”、“两腋清风”代称。“何须魏帝一丸药，且尽卢仝七碗茶。”（宋·苏轼）；“不待清风生两腋，清风先向舌端生。”（宋·杨万里）；“我尽安知非卢仝，只恐卢仝未相及。”（明·胡交焕）；“一瓯瑟瑟散轻蕊，品题谁比玉川子。”（清·汪巢林）；北京中山公园的来今雨轩，民国初年曾改为茶社，门有一联云：“三篇陆羽经，七度卢仝碗”；当代一老书法家亦曾以“七碗茶歌”为意，吟咏道：“嫩芽和雪煮，活火沸香茶。七碗荡诗腹，一瓯醒酒肠。”

“七碗茶歌”在日本被演变为茶道：“喉吻润、破孤闷、搜枯肠、发轻汗、肌骨清、通仙灵、清风生”。

一月六日

二九第七日

 今日记录

中国茶叶博物馆

中国茶叶博物馆是茶文化专题博物馆，位于浙江省杭州市西湖西南面龙井路旁双峰村。中国茶叶博物馆建筑面积 7600 平方米，展览面积 2244 平方米。1990 年10 月起开放，是国家旅游局、浙江省、杭州市共同兴建的国家级专业博物馆。（开放时间是 10 月 8 日至次年 4 月 30 日每天 8:30～16:30；5 月 1 日至 10 月 7 日9:00～17:00，周一闭馆，节假日除外。免费。）

茶叶博物馆的整个展览分茶史、茶萃、茶事、茶具、茶俗、茶缘等六个部分，多方位、多层次、立体地展示茶文化的无穷魅力。

徜徉在展厅，最让观众流连的是缤纷再现的各地茶俗。生动叙述着各民族饮茶、爱茶的日常生活。

从原始森林的野生大茶树切片到各种栽培茶树标本；从良渚时期粗朴简陋的饮器到明清精美绝伦的宫廷茶具；从茶籽化石到民族风格浓郁的茶俗场景，一件件珍贵的文物，辅以精心设计的文字、图片、图表，制作精良的模型、惟妙惟肖的雕像，以及优雅动人的音乐，演绎了数千年的茶文明进程。

2018 年 1 月 7 日

农历丁酉年·十一月廿一

星期日

一月七日

今日记录

二九第八日

苏东坡茶墨结缘

宋代苏轼，宋仁宗景祐三年十二月十九日出生，号东坡居士，四川眉山人，是一位品茶、烹茶、种茶样样都内行的大诗人。有一天，苏东坡、司马光等一批墨人骚客斗茶取乐，苏东坡的白茶取胜，免不了乐滋滋的。当时茶汤尚白。司马光便有意难为他，笑着说："茶欲白，墨欲黑；茶欲重，墨欲轻；茶欲新，墨欲陈；君何以同时爱此二物？"苏东坡想了想，从容回答说："奇茶妙墨俱香，公以为然否？"司马光问得妙，苏东坡答得巧，众皆称赞。此事传为千古美谈。

MONDAY. JAN 8, 2018

2018 年 1 月 8 日

农历丁酉年 · 十一月廿二

星期一

一月八日

二九第九日

 今日记录

金尖茶

金尖茶，黑茶类，产于四川省雅安、宜宾、江津、万县，原料扩大到四川全省茶区。

金尖茶以川南边茶、康南边茶为原料（原料要求是生长期长达 6 个月以上的成熟鲜茶叶）。

金尖茶生产经毛茶整理、配料、蒸压成型、干燥、成品包装。是工序最为复杂的茶叶，其生产工序多达 32 道，原料进厂经粗加工后须陈化（存放）藏茶为深发酵（全发酵）茶。

成品金尖茶外形长 24 厘米、宽 19 厘米、厚 12 厘米，每块砖净重均为 2.5 公斤；外形圆角长方枕形，稍紧实，无脱层，色泽棕褐，砖内无黑霉、白霉、青霉等霉菌。内质香气高爽纯正带油香，汤色黄红，尚明，滋味醇和，叶底暗褐欠匀。

冲泡金尖茶时，茶与水的比例为 1：20，投茶量 7 克，水 140 克(水 140 毫升)；主要泡茶具首选"三才碗"(盖碗)；适宜用水开沸点摄氏 100 度（℃）时，冲泡茶叶。

金尖茶饮用方法多元性，煎、煮、冲泡、提汁、干嚼均可；茶汁可以和多类食物和饮液混合食用，如多种中草药、谷物、奶乳、水果、植汁、盐、糖等。

品赏金尖茶有四绝"红、浓、陈、醇"。

图片来源：《中国茶谱》

2018 年 1 月 9 日

农历丁酉年·十一月廿三

星期二

一月九日

三九第一日

 今日记录

闽南水仙

闽南水仙，青茶（乌龙茶）类，产于福建省永春县、南安市、仙游县、莆田市、晋江市、惠安县、德化县、漳平市，为新创名茶。

春、夏、秋各茶季皆可采摘。采用水仙茶树品种茶树鲜叶为原料，选用鲜叶的标准是中开面2~3叶为主，要求鲜叶嫩度适中，匀净、新鲜。

制茶工艺工序是晒青、凉青、摇青、杀青、揉捻、初烘、复烘与包揉、烘干。

成品闽南水仙茶叶感官品质具有"汤黄亮，香气足，泡水长"的特点，外形条索肥壮紧结略卷曲，色泽砂绿油润间蜜黄，匀整美观；内质香气清高，兰花香显露，滋味醇厚甘滑，汤色金黄，清澈明亮；叶底肥厚柔软鲜亮，红镶边鲜明匀整。

冲泡闽南水仙时，茶与水的比例为1：14，投茶量7克，水100克（水100毫升）；主要泡茶具首选"三才碗"盖碗（投茶后，摇香，注水要快冲向茶碗，盖上茶盖），也可用紫砂壶（投茶后，注水要快冲向壶内，盖上壶盖）；适宜用水开沸点，静候降温至摄氏95度（℃）时冲泡茶叶。

图片来源：《中国茶谱》

WEDNESDAY. JAN 10，2018

2018 年 1 月 10 日

农历丁酉年 · 十一月廿四

星期三

一月十日

今日记录

白牡丹

白牡丹，白茶类，主产于福建省的政和县、松溪县、建阳市、福鼎市。因其冲泡后绿叶托着嫩芽，宛如蓓蕾初放，故得美名白牡丹。创制于清末，为历史名茶。

春茶、夏茶、秋茶季均可采摘，春茶于清明前后开采，夏茶于芒种前后开采，秋茶于大暑至处暑开始采摘。采用政和大白茶、福鼎大白茶及水仙等优良品种茶树鲜叶为原料，选用鲜叶标准（以春茶为主）1 芽 2 叶，要求采摘芽叶肥壮，并"三白"（芽、一叶、二叶均有白色茸毛）的开面叶。

白牡丹制茶工艺关键在于萎凋，要根据气候灵活掌握，以春秋晴天或夏季不闷热的晴朗天气，采取室内自然萎凋或复式萎凋为佳。精制工艺是在拣除梗、片、蜡叶、红张、暗张，进行烘焙。

成品白牡丹茶叶外形条索毫心肥壮，叶张嫩，呈波纹隆起，叶沿向叶背卷曲，芽叶连枝，叶面色泽呈深灰绿，叶背遍布白茸毛；银毫显露，滋味鲜醇；汤色杏黄或橙黄清澈；叶底浅灰，叶脉微红。

冲泡白牡丹时，茶与水的比例为 1：25，投茶量 5 克，水 125 克（水 125 毫升）；主要泡茶具首选"三才碗"（盖碗），也可用玻璃杯、紫砂壶、瓷壶；适宜用水开沸点，静候待水温降至摄氏 90 度（℃）时冲泡茶叶。

煮白牡丹时，茶与水的比例 1：50，投茶量 9 克，水 450 克（水 450 毫升）；用陶壶，煮沸后调文火慢煮 30~50 分钟。

图片来源：《中国茶谱》

THURSDAY. JAN 11, 2018

2018 年 1 月 11 日

农历丁酉年·十一月廿五

星期四

一月十一日

三九第三日

今日记录

湖州陆羽茶文化博物馆

湖州陆羽茶文化博物馆是陆羽《茶经》文化主题博物馆，位于浙江省湖州市中兴大桥北外滩一号。湖州陆羽茶文化博物馆，总建筑面积5000平方米。2017年6月14日起开放。是由湖州日报报业集团承办的政府、文化机构、民营三方合作的项目。免费向公众开放。

湖州陆羽茶文化博物馆分二层，一楼主要展示了陆羽栖身湖州40多个春秋的生活情境以及他的"朋友圈"，和其间写成世界上第一部茶叶专著《茶经》的事迹。二楼则陈列了各式各样的《茶经》版本，有南宋咸淳百川学海版《茶经》、外文版《茶经》、吴觉农《茶经述评》等，足足有一整面墙。此外，二楼上还设有六大茶类（绿茶、白茶、黄茶、青茶、红茶、黑茶）体验区，供市民游客品尝。

湖州陆羽茶文化博物馆以"一圈两基地"作为布馆理念，即以陆羽为代表的茶文化圈杰出人物和《茶经》为布展核心圈，通过收集各种版本的《茶经》，使之成为在全国乃至全世界较有影响力的茶文化博物馆，成为全国茶文化学术研究基地与茶文化体验基地。

FRIDAY. JAN 12, 2018

2018 年 1 月 12 日

农历丁酉年·十一月廿六

星期五

一月十二日

三九第四日

🕊 今日记录

临湘砖茶博物馆

临湘砖茶博物馆是一家以砖茶为主题的博物馆，位于湖南省临湘市五尖山国家森林公园入口处。临湘砖茶博物馆占地约3亩，建筑面积590平方米。由个人花费五年时间建成。

临湘砖茶博物馆整个陈列以"茶"为中心，包括了茶的采摘、制作、包装运输、销售、饮用等环节的实物。实物有木器、竹器、石器、陶瓷器、纸器等，按"茶之源"、"茶之本"、"茶之用"、"茶之器"、"茶之饮"、"茶之品"、"茶之誉"、"茶之史"八个部分陈列，基本反映了临湘茶文化一千多年的发展历史。以图片和实物展示了临湘茶文物、茶乡古建筑、陈年老茶。

特别是展有明代《岳州风土记》、清光绪临湘"批验茶引所"售茶数据、《临湘茶叶志》等多篇文献史料，茶叶采摘、制作、包装运输、销售、饮用等类别200多件实物的文字资料和照片，其中《临湘古代境内的制茶运茶路线图》、临湘早期茶农根据唐代"茶仙"卢仝的七言古诗《七碗茶歌》编制的独特茶篮、器形精美的元代纸茶壶、清龟形木茶壶、壶心过火铜茶壶、清代专购茶山契约等实物还是首次发现。

2018 年 1 月 13 日

农历丁酉年 · 十一月廿七

星期六

一月十三日

 今日记录

一字至七字诗·茶

（唐）元稹

茶

香叶，嫩芽，

慕诗客，爱僧家。

碾雕白玉，罗织红纱。

铫煎黄蕊色，碗转曲尘花。

夜后邀陪明月，晨前命对朝霞。

洗尽古今人不倦，将至醉后岂堪夸。

这是"茶"的宝塔形"一至七字诗"。给人如临其境，感知趣味。流传甚广。在描写上，有动人的芬芳——香叶，有楚楚的形态——嫩芽、曲尘花，还有白玉、红纱、黄蕊等亮丽的色彩，有茶具——碾、铫（铫：便携小金属锅）、茶碗，有煎茶——"铫煎黄蕊色"，茶汤都煎煮到黄蕊色了，还有盛在碗中茶汤上飘浮的茶粉细末如"尘花"。饮茶之时，应是夜后陪明月，晨前对朝霞，就如同享受神仙般快乐的生活，可谓"睡起有茶饥有饭，行看流水坐看云"（《痴绝翁》）。道出了茶的神奇妙用和茶空间的美韵美境。

星期日

一月十四日

三九第六日

遵义毛峰

遵义毛峰，绿茶类，产于贵州省遵义市。1974 年为纪念"遵义会议"而创制。成品象征意义："条索圆直，锋苗显露"象征中国工农红军战士大无畏的英雄气概，"满披白毫，银光闪闪"象征遵义会议精神永放光芒，"香高持久"象征红军烈士革命情操世代流芳。

清明前后 10~15 天采摘。采用福鼎大白良种茶树鲜叶为原料，选用鲜叶标准是特级茶采摘标准 1 芽 1 叶初展，一级茶 1 芽 1 叶展，三级茶 1 芽 2 叶；颜色要求翠绿，鲜叶进厂后经 2~3 小时摊凉后再行炒制。

炒制技术工艺的要点是"三保一高"，一保色泽翠绿，二保茸毫显露且不离体，三保锋苗挺秀完整，一高就是香高持久。具体制茶工艺工序是杀青、揉捻、搓条造形、干燥。

成品遵义毛峰内质毫香清高持久，汤色碧绿明净，滋味清醇鲜爽，叶底翠绿鲜活。

冲泡遵义毛峰时，茶与水的比例为 1：60，投茶量 3 克，水 180 克（水 180 毫升）；泡茶具首选玻璃杯（采用下投法，先注水五分之一的开水，而后投入茶叶，半分钟后加注水至杯的五分之四，加盖），也可用"三才碗"（顺茶碗边注水后，加茶盖）；适宜用水开沸点，静候待水温降至摄氏 85 度（℃）时才用于泡茶叶。

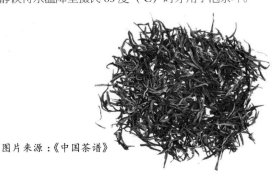

图片来源：《中国茶谱》

2018 年 1 月 15 日

农历丁酉年·十一月廿九

星期一

一月十五日

今日记录

六堡茶

六堡茶，黑茶类，产于广西自治区梧州市，为历史名茶。是在梧州市行政辖区范围内，选用苍梧县群体种、广西大中叶种及其分离、选育的品种、品系茶树的鲜叶为原料，按特定的工艺进行加工，具有独特品质特征的黑茶。

选用鲜叶原料多为 1 芽 2~4 叶。老茶婆采摘的是成熟老叶。

初制工序是杀青、初揉、渥堆、复揉、干燥。初制后进入精制工艺毛茶筛、风、拣，拼配、初蒸、渥堆、复蒸压笠，凉置陈化，检验出厂。渥堆和陈化是形成六堡茶独特品质风格的关键工序。部分采用传统柴火干燥工艺做的六堡茶带有烟味。

成品六堡茶外形条索粗壮，色泽黑褐光润，间有金黄花（即生有黄色菌类孢子），汤色红浓，气息醇陈似槟榔香，滋味甘醇爽滑，清凉甘永，含有特殊烟味，叶底红褐色。

冲泡六堡茶时，茶与水的比例为 1：18，投茶量 7 克，水 126 克(水 126 毫升)；主要泡茶具首选"三才碗"(盖碗)、宜兴紫砂壶；适宜用水开沸点摄氏 100 度（℃）时，冲泡茶叶。

图片来源：《中国茶谱》

星期二

一月十六日

三九第八日

 今日记录

中国黑茶博物馆

中国黑茶博物馆是一家茶文化主题体验博物馆，位于湖南省益阳市安化县黄沙坪茶市古镇。

中国黑茶博物馆占地面积约 10 亩，主楼及地库房共 10 层，高 39 米，裙楼两层，建筑面积 6250 平方米。2015 年 10 月起开放。由政府修建并管理，是全国唯一的黑茶专题展示博物馆，融收藏展示和观光旅游于一体，是中国黑茶之乡的标志性建筑。免费开放。

中国黑茶博物馆主楼一至三楼为陈列展厅，面积约 2100 平方米。一楼以《神韵安化》为主题，展示安化山水风光；二楼以《黑茶飘香》为主题，展示安化黑茶历史文化；三楼以《岁月留痕》为主题，展示安化人文历史；四楼是集茶产品展示、茶艺表演为一体的休闲场所。另有两个临时展厅举办各类展览。

安化县文物管理所经过多年的征集，现有馆藏文物 5037 件，所藏文物中最具特色的文物为茶文物和牌匾石刻文物。计划征收安化茶厂、白沙溪茶厂和全县各大茶行内保存有关茶叶从采摘、加工、储存、运输到销售的各类制作工具及民间与茶有关的实物、碑刻等，唐市古镇 20 余块各时期制定的茶叶规章碑刻。

WEDNESDAY. JAN 17，2018

2018 年 1 月 17 日

农历丁酉年·腊月初一

星期三

一月十七日

三九第九日

今日记录

茶旅游·新会

时效：三日游

主题：新会寻"陈"品茗之旅

点线：新会——梁启超故居——凌云塔——新会陈皮村——小鸟天堂

梁启超故居

柑普

凌云塔

小鸟天堂

2018 年 1 月 18 日

农历丁酉年·腊月初二

星期四

一月十八日

 今日记录

四九第一日

茶谚·一年茶，三年药，七年宝

白毫银针　　　　白牡丹　　　　寿眉

"茶谚：一年茶，三年药，七年宝"

"白茶，一年茶，三年药，七年宝"是福建福鼎民间茶谚。福鼎位于闽东北山区，历史上缺医少药的年代，白毫银针被民众视为至宝，用白茶治疗小儿麻疹、咽喉肿痛、感冒发烧、肠胃不适、水土不服等症，有立竿见影之功效，使人们不得不服其神奇之处。白茶也成了当地人结婚时女方家的陪嫁，内装有陈年的白毫银针，新娘带上它就是带上健康，如同携财宝出嫁。

人们还发现陈年白茶在抗炎症、抗病毒、降血糖、降尿酸和修复酒精肝损伤的效果上，比新产白茶具有更好的功效。同时，陈年白茶解毒而不寒凉，口感也更甜更滑更顺，较新茶更为醇厚。贮藏的越久，茶的香气也由"毫香蜜韵"的杏花香，向荷叶香、枣香、呈现出药香。白茶存放时间越长，其药用价值越高，这一观点得到茶业界的广泛认同。

星期五

一月十九日

四九第二日

🕊 今日记录

茶和二十四节气时令·大寒

"大寒"是每年二十四节气中的第24个节气。大寒节气，冷空气南下频繁，我国大部分地区进入一年中最寒冷的季节。这时的茶树在冬季休眠期，停止采摘制茶。

"大寒"节气里，喝什么茶？大寒时节，寒、燥、风聚强，特别要养精蓄锐，保暖、节欲、安神。适宜饮黑茶（砖茶、六堡茶、普洱熟茶、金尖茶，均在5年以上）。红茶（荒树红茶、陈年红茶）、乌龙茶（有焙火工序的乌龙茶）、白茶（白牡丹、寿眉，均在5年以上）。还要注意喝热茶水，不喝凉了的茶水。

一月二十日 大寒

今日记录

寒夜

（宋）杜耒

寒夜客来茶当酒，竹炉汤沸火初红。

寻常一样窗前月，才有梅花便不同。

这首诗看似随笔挥洒，却形象地表达了诗人遇知己的
喜悦心情。寒冷的冬夜来了不一般的客人，以茶当
酒，吩咐小童煮茗。"竹炉汤沸火初红"，茶还没煎煮
到最好口感时，便急唤出茶汤上茶来，与客共饮；屋
外寒气逼人，屋内温暖如春。夜深了，明月照在窗
前，窗外透进了阵阵寒梅的清香。诗人写梅，除了赞
叹梅花高洁，更多的是在暗赞来客。也表达了寻常的
生活如窗前的月儿苍白平静，来了志同道合的朋友，
啜茗清谈论道……生活不同了！这才"火初红"。

星期日

一月二十一日

四九第四日

今日记录

山窗清供图（清）薛怀

山窗清供图（清）薛怀

此画以线描绘出大小茶壶和盖碗各一只，画作明暗表现恰到宜处。画上自题五代诗人胡峤诗句："沾牙旧姓余甘氏，破睡当封不夜候。"另有当时诗人、书家朱显渚题六言诗一首："洛下备罗案上，松陵兼到经中，总待新泉活水，相从栩栩清风。"茶具入画，反映了清代人对茶具的重视。一只盖碗、两只紫砂壶，在当代也还是常用泡茶具。

星期一

一月二十二日

今日记录

四九第五日

漳平水仙茶饼

漳平水仙茶饼，青茶（乌龙茶）类，漳平水仙茶饼又名"纸包茶"，系青茶紧压茶，产于福建省漳平市双洋、南洋、新桥等地，起源自双洋镇中村。创制于1934年，为历史名茶。

春、夏、秋各茶季，皆可采摘。采用水仙茶树品种茶树鲜叶为原料，选用鲜叶的标准是小开面至中开面2~3叶的嫩梢为主，要求鲜叶嫩度适中、匀净、新鲜。

制茶工艺工序是晒青、凉青、摇青、炒青、揉捻、模压造型、烘焙。综合了闽北与闽南乌龙茶的初制技术，主要特点是晒青较重，做青前期阶段使用水筛摇青，做青后期阶段使用摇青机摇青，前后各两次，炒青后采用木模压制造型、白纸定型等特有的工序，再经精细的烘焙。

成品漳平水仙茶饼茶叶外形呈正方块，边长约为5厘米（cm），厚约1厘米（cm），形似方饼，重约9克，色泽乌褐油润，干香清高持长；内质香气纯正高爽，具花香且香型优雅，滋味醇正甘爽且味中透香，汤色橙黄、清澈明亮；叶底肥厚黄亮，红边鲜明。

冲泡漳平水仙茶饼时，茶与水的比例为1：15，投茶量9克，水135克（水135毫升）；主要泡茶具宜选"三才碗"盖碗（投茶后，要从茶碗边上注水，盖上茶盖）；适宜用水开沸点，摄氏100度（℃）时冲泡茶叶。

图片来源：《中国茶谱》

星期二

一月二十三日

四九第六日

 今日记录

茶演进（7-1）采集鲜叶到原始散茶

自发现野生茶树，从咀嚼茶树的鲜叶开始，发展到生煮羹饮算茶的利用，就有了中国的茶史，出现制茶演进与不同的茶类和饮茶方式。

最初对茶的利用，主要是药用（含充饥饿的食用），用以解毒、提神药用，采集并直接取用茶树鲜叶，咀嚼、捣烂、水煮。这种最原始的利用方法进一步发展的结果，茶叶出现生煮羹食，生煮类似现代生活的煮菜汤。

商周时期，茶叶主要用于药用，茶叶也有用在丧事之用。

春秋时期，茶叶被正式作为祭祀用品。由于鲜叶供给受到季节、距离、规格、时效的制约，人们为了茶叶的应用扩展，就把鲜叶晒干或烘干，收藏存储起来，随取随用。但是晒干的茶叶，药治病效果差，于是先秦时期出现了晒青茶工艺的制茶方式，制作原始散茶。

原始茶树林

WEDNESDAY. JAN 24, 2018

2018 年 1 月 24 日

农历丁酉年 · 腊月初八

星期三

一月二十四日

四九第七日

 今日记录

茶演进（7-2）原始散茶到晒青饼茶

三国时期，魏国已出现了采来的叶子先做成饼，晒干或烘干后收藏，需要时再进行碾碎煮饮。这是饼茶制茶工艺的萌芽，饼茶适应了随时取作祭品或作药用和饮用。茶叶也从单纯的解毒、食用发展到饮用。

春秋到两晋时期，茶叶除了药用、祭祀、社交用以外，通常茶以军需为重。秦统一四川后，四川的茶树栽培、制作技术及饮用习俗，开始向陕西、河南等地传播，其后沿长江逐渐向长江中、下游推移，再次传播到南方各省。江南初次饮茶的记录始于三国。

汉代，佛教自西域传入，到了南北朝时更为盛行。佛教提倡座禅，饮茶可以镇定精神，夜里饮茶可以驱睡。名山大川僧道寺院都开始种植茶树。佛教和道教信徒们对茶的栽种、采制、传播也起到一定的作用。

晒干中的茶

星期四

一月二十五日

今日记录

四九第八日

茶演进（7-3）晒青饼茶到蒸青饼茶

南北朝以后，所谓士大夫（士人和官吏），逃避现实，终日清淡，品茶赋诗，茶叶消费更大。茶在江南成为一种"比屋皆饮"和"坐席竟下饮"的普通饮料。在饮茶中发现了初步加工的晒青饼茶，留存有很浓的青草味，而且含水分还是高，易发霉。在多年反复的改进实践中，发明了蒸青制茶，蒸青饼茶工艺到了唐代中期已经完善。即把茶鲜叶蒸后捣碎，制饼穿孔，贯串烘干。陆羽《茶经·三之造》著述："采之，蒸之，捣之，拍之，焙之，穿之，封之，茶之干矣。"唐代制茶除了蒸青团饼茶以外，也曾出现蒸而不捣的散茶叶或捣而不拍的末茶。

宋代，人们饮茶中发现应解决蒸青饼茶的汤饮苦涩味，便出现了龙凤团茶的加工技术，把茶芽采回后，先浸泡水中，挑选匀整芽叶进行蒸青，蒸后冷水清洗，然后小榨去水，大榨去茶汁，去汁后置瓦盆内兑水研细，再入龙凤模压饼、烘干。宋代赵汝励《北苑别录》著述，有六道工序：蒸茶、榨茶、研茶、造茶、过黄、烘茶。

龙凤团茶的工序中，冷水快冲可保持绿色，提高了茶叶质量，而水浸和榨汁的做法，由于夺走真味，使茶香极大损失，且整个制作过程耗时费工，这些均促使了蒸青散茶的出现。

蒸青饼茶

星期五

一月二十六日

四九第九日

 今日记录

茶演进（7-4）蒸青饼茶到蒸青散茶

由宋代至元代，蒸青饼茶和散茶同时并存。在蒸青饼茶的制茶中，为了既改善苦涩味又保持茶的真味、香味，逐渐采取蒸后不揉不压，直接烘干的做法，将蒸青团茶改造为蒸青散茶。这种改革，宋元时期都有记载。《宋史·食货志》载："茶有两类，曰片茶，曰散茶。"片茶即饼茶。元代王祯《农书》，对当时蒸青散茶工序有具体记载："采讫，一甑微蒸，生熟得所。蒸已，用筐箔薄摊，乘湿揉之，入焙，匀布火，烘令干，勿使焦。"

宋代末年发明散茶制法，散茶得到进一步发展，有取代团饼茶之势。元代，团饼茶渐次淘汰，散茶则大为发展，末年时又由"蒸菁法"改为"炒菁法"制茶，逐渐发展为以制造散茶，末茶为主，炒青散茶出现。

蒸青制茶

星期六

一月二十七日

 今日记录

茶演进（7-5）蒸青到炒青

蒸青散茶比饼茶更好地保留了茶叶的香气，但还是存在香气不够浓郁的缺点，于是出现了利用干热提存茶叶香气的炒青技术。

唐代，已经有炒青茶。唐刘禹锡《西山兰若试茶歌》中言道："山僧后檐茶数丛，斯须炒成满室香。"又有"自摘至煎俄顷余"之句，这是关于炒青茶最早的文字记载。

元代，炒青茶逐渐增多，到了明代，炒青制法日趋完善。在明代张源《茶录》、明代许次纾《茶疏》、明代罗廪《茶解》中均有详细记载。其制法大体为：高温杀青、揉捻、复炒、烘焙至干，这种工艺与现代炒青绿茶制法非常相似。

炒青制茶

星期日

一月二十八日

五九第二日

 今日记录

茶演进（7-6）绿茶发展至其他茶类

明代以前的制茶工艺生产的原始散茶（鲜叶晒干或烘干）、晒青饼茶、蒸青饼茶（蒸青饼茶进而龙凤团茶）、蒸青散茶，基本都还是绿茶。到了明代初期，团饼茶已不流行，明洪武二十四年（公元1391年）九月十六日，明太祖朱元璋下诏令"罢造龙团，惟采茶芽以进"。更促进采摘细嫩芽叶制造散茶，在炒青绿茶制茶工艺普及的同时，也带动了散茶制造工艺向保存茶叶的色、香、味、形品质的努力和发展，经过长期的制茶实践，摸索出不同的茶叶制造工艺，制成色、香、味、形品质特征不同的茶类。由此出现了黄茶、黑茶、花茶的制法。

清代又出现了白茶、红茶、乌龙茶（青茶）的制法，奠定形成了中国茶的六大制法的茶类体系，即：绿茶、黄茶、黑茶、白茶、红茶、青茶的六大茶类。中国成为世界上茶类最多的国家。

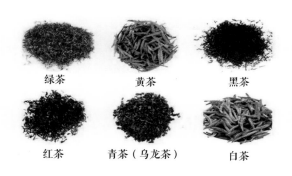

绿茶	黄茶	黑茶
红茶	青茶（乌龙茶）	白茶

六大类茶

星期一

一月二十九日

五九第三日

今日记录

茶演进（7-7）花茶与再加工茶

茶加香料或加香花，最少起源于宋代。北宋蔡襄《茶录》提到加香料的茶事"茶有真香而入贡者，微以龙脑，欲助其香，建安民间试茶皆不入香，恐夺其真……正当不用"。南宋已有茉莉花焙茶的记载，南宋施岳《步月·茉莉》词注："茉莉，岭表所产……此花四月开，直至桂花时尚有玩芳味，古人用此花焙茶"。

到了明代，已废团茶为散茶，大量生产炒青、烘青、晒青绿茶，为花茶生产奠定了基础。同时花茶窨制方法也有很大的发展，出现"茶引花香，以益茶味"的制法。明代顾元庆《茶谱》的"茶诸法"中对花茶窨制技术记载比较详细。明代李时珍《本草纲目》有"茉莉可薰茶"的记载，证实了茉莉花茶明代就有生产。

据史料记载清咸丰年间（1851～1861），福州已有大规模茶作坊进行商品茉莉花茶生产。

1949 年后，总结出现"六大茶类分类系统"，以茶多酚氧化程度为序把初制茶分为绿茶、黄茶、黑茶、白茶、青茶、红茶六大茶类，为国内外广泛采用。花茶归再加工茶类。即以基础茶类的茶叶作原料，进行再加工形成各种各样的茶，如花茶、紧压茶、萃取茶、果味茶和含茶饮料等。由于再加工茶以六大茶类的茶叶为原料，在各种再加工茶的制作过程中，品质变化不大，仍归属原来的茶类。

再加工茶也在发展中。20 世纪 60 年代，创汇需要，我国引进西方现代化机械制茶方式，生产碎茶和速溶茶。20 世纪 80 年代，随着社会的发展和生活节奏的加快，茶这种历史悠久的饮品也开始发生变革。于是一些新兴食品产业、饮料产业开始逐渐摸索涉足茶饮料的研究与开发，使得茶叶这种饮品有了继承和新生。

TUESDAY. JAN 30，2018

2018 年 1 月 30 日

农历丁酉年·腊月十四

星期二

一月三十日

五九第四日

今日记录

青砖茶

青砖茶，黑茶类，产地主要在长江流域鄂南和鄂西南地区，原产地在湖北省赤壁市赵李桥镇羊楼洞（古镇），已有600多年的历史。

青砖茶以海拔600~1200米（m）高山茶树鲜叶作原料，原料采割季节为小满至白露，鲜叶梗长20厘米（cm）内，原料经拣杂后，高温杀青、揉捻、干燥，进而后期发酵，随后脱梗、复制成半成品，再进行蒸制、压制、定型、烘制和包装。

成品青砖茶外形长34厘米、宽14厘米、厚4厘米，每块砖净重均为2公斤；其砖面平整、棱角整齐；内质香气纯正，滋味醇和，汤色黄红尚亮，叶底暗褐粗老。

青砖茶饮用时需将茶砖破碎，放进特制的水壶中加水煎烹煮法，主泡茶具耐高温玻璃壶、陶壶、铁壶，茶15克，水375克，茶与水比1：25；投茶用沸水润茶后倒去，再注入冷泉水，放置电陶炉上煮至沸腾（专人全程事茶）。

图片来源：《中国茶谱》

WEDNESDAY. JAN 31, 2018

2018 年 1 月 31 日

农历丁酉年 · 腊月十五

星期三

一月三十一日

五九第五日

 今日记录

宜红

宜红，红茶类，又称宜昌工夫茶，是我国主要工夫红茶品种之一，历史上因由宜昌集散、加工、出口而得名。产于湖北省宜昌市、恩施土家苗族自治州和湖南省常德市的 20 多个县（市），创制于 19 世纪中叶，是我国历史悠久的著名茶区，早在公元 3 世纪西晋时，《荆州土地记》就记有："武陵七县通出茶"。唐代陆羽《茶经》载："巴山峡川有两人合抱者"，"山南，以峡州上。"为历史名茶。

春茶、夏茶、秋茶季均可采摘。选用鲜叶的标准是 1 芽 2 叶、1 芽 3 叶及同等嫩度对夹叶。以夏、秋鲜叶为主。

制茶工艺工序是萎凋、揉捻、发酵、干燥。

成品宜红茶叶条索细紧带金毫，色泽乌润，高香持长；滋味甜香浓醇，汤色红褐，有"冷后浑"乳凝现象特色；叶底红亮。

冲泡宜红时，茶与水的比例为 1∶50，投茶量 3 克，水 150 克（水 150 毫升）；主要泡茶具首选"三才碗"（顺茶碗边缘缓缓注水后，加茶盖），也可用无色透明玻璃杯（采用下投法，先注水五分之一的开水，而后投入茶叶，半分钟后加至杯的五分之四，加用盖）；适宜用水开沸点，静候待水温降至摄氏 90~95 度（℃）时才用于泡茶叶。

图片来源：《中国茶谱》

2018 年 2 月 1 日

农历丁酉年 · 腊月十六

星期四

二月一日

五九第六日

 今日记录

发现茶树

中国古代传说"神农尝百草，日遇七十二毒，得茶而解之"。人们在生活交流中进而推论，茶的发现和利用始于原始氏族社会晚期，迄今有 5000 多年的历史。

晋代常璩《华阳国志·巴志》记载："武王既克殷，以其宗姬于巴，爵之以子……上植五谷，牲具六畜，桑、蚕、麻、纻、鱼、盐、铜、铁、丹、漆、茶、蜜……皆纳贡之""园有芳蒻香茗"。这些来自生活的文字记载把中国茶树栽培历史推到周武王时期，至今有 3000 多年。

按《尚书》所谓"蔡蒙旅平者，蒙山也，在雅州，凡蜀茶尽出于此。"蒙顶种植茶树早在西汉甘露年间（公元前 53 年）县人（县人：古代遂之属官）吴理真亲手将七株"灵茗之种，植于五峰之中，高不盈尺，不生不灭，迥异寻常"。这是我国有具体人名的人工种茶最早的文字记载。

唐代陆羽《茶经·一之源》记载："其巴山峡川，有两人合抱者，伐而掇之"，这也是生活发现野生大茶树的最早记录。

2012 年 8 月 9 日中新社发图片新闻："位于云南省临沧市凤庆县锦秀村茶园的这棵古茶树，是目前世界上发现最大的栽培型古茶树，树高 10.6 米，围粗 5.82 米，据考证树龄已有 3200 余年历史。"被称为"锦绣茶祖"。

星期五

二月二日

今日记录

五九第七日

復竹炉煮茶图（清）董诰

復竹炉煮茶图（清）董诰

明代王绂曾作《竹炉煮茶图》遭毁后，董诰在乾隆庚子（1780年）仲春，奉乾隆皇帝之命，复绘一幅，因此称"復竹炉煮茶图"。画面有茅屋数间，屋前几上置有竹炉和水瓮。远处有山水。画右下有画家题诗："都篮惊喜补成图，寒具重体设野夫。试茗芳辰欣拟昔，听松韵事可能无。常依榆夹教龙护，一任茶烟避鹤雏。美具漫云难恰并，缀容尘墨愧纷吾。"画正中有"乾隆御览之宝"印。

SATURDAY. FEB 3, 2018

2018 年 2 月 3 日

农历丁酉年·腊月十八

二月三日

 今日记录

五九第八日

茶和二十四节气时令·立春

"立春"是每年二十四节气中的第 1 个节气。"立"有"见"、"开始"的意思。春是温暖，鸟语花香；春是生长，耕耘播种。农历从立春交节当日一直到立夏前这段期间，都被称为春天。立春，表示冬天过去了春天到来，太阳暖了，气温增高了。尽管茶树还处在冬眠中，天寒地冻茶叶不长芽，但随着人们增多起来的活动，这更是饮茶的时节。

"立春"节气里，喝什么茶？立春饮用茶，要顺应立春时节生气盛旺，此时要助肾补肺，赡养胃气。和顺忌怒，养阳之生气，适宜多饮茉莉花茶。但体内有热毒者不宜饮用。

适合这节气饮用的可选茶还有：红茶、绿茶、黑茶(包括普洱茶、金尖茶、六堡茶、伏砖，均在 5 年以上)、白茶（白毫银针、白牡丹、寿眉，均在 5 年以上）。如果喝绿茶，相应该喝对应量的乌龙茶（中度焙火的武夷岩茶、古老工艺的铁观音茶）。

SUNDAY. FEB 4, 2018

2018 年 2 月 4 日

农历丁酉年 · 腊月十九

今日记录

桂花龙井

桂花龙井，属再加工茶的花茶，产于浙江省杭州市。

精制的西湖龙井茶有原料。主要以 1 芽 1 叶或 1 芽 2 叶初展的鲜叶按照西湖龙井的工艺制作而成，多以清明过后至谷雨前制作的西湖龙井为最佳。桂花以中秋时分，桂花盛开时，采摘的鲜花为主。花开不能太早也不能太晚，以花刚盛开为宜。雨水花及带有露水的花不能采。

制茶工艺工序是原料配比（按 50 公斤精制茶胚配用鲜桂花 15 公斤，可视花茶的档次适当增减）、茶胚窨花、通花散热、筛除花渣、复烘干燥、包装贮藏。

冲一杯桂花龙井茶，桂花漂浮在上，犹如夜空的繁星，弥漫在茶杯。轻轻酌一口桂花龙井，茶汤中带有*丝丝桂花*的香甜，茶引花香，花益茶味，相得益彰。

冲泡桂花龙井时，茶与水的比例为 1：50，投茶量 3 克，水 150 克(水 150 毫升)；主要泡茶具首选"三才碗"（温杯、摇香，顺茶碗边缘缓缓注水后，加茶盖），也可用无色透明玻璃杯（采用下投法，先注水五分之一的开水，而后投入茶叶，半分钟后加至杯的五分之四，加用盖）；适宜用水开沸点，静候待水温降至摄氏 90 度（℃）时才用于泡茶叶。

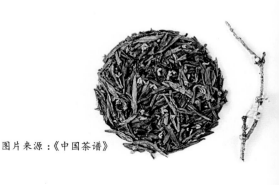

图片来源：《中国茶谱》

MONDAY. FEB 5, 2018

2018 年 2 月 5 日

农历丁酉年 · 腊月二十

 今日记录

龙生玉芽

龙生玉芽，绿茶类，产于云南省思茅市，创制于 1992 年。

2 月上旬至 3 月底采摘。龙生玉芽以无性系良种鲜叶为原料，选用鲜叶标准是独芽，要求芽头肥壮，大小均匀，梗长不超过 0.5 厘米(cm)，无病虫害芽、残芽、空心芽、展开芽等，合格率达 95% 以上。

制茶工艺工序是鲜叶摊放、杀青、做形、烘干。

成品龙生玉芽茶叶的外形是条索扁平润滑，色泽银绿稍带黄，满披白毫，匀净、完整；香气栗香持久；汤色浅绿明亮，滋味鲜醇；叶底嫩厚尚嫩绿、匀亮。

冲泡龙生玉芽时，茶与水的比例为 1∶60，投茶量 3 克，水 180 克(水 180 毫升)；主要泡茶具首选"三才碗"(盖碗)，也可用玻璃杯；适宜用开水，静候待水温降至摄氏 80 度（℃）时冲泡茶叶。

图片来源：《中国茶谱》

TUESDAY. FEB 6, 2018

2018 年 2 月 6 日

农历丁酉年 · 腊月廿一

星期二

二月六日

六九第二日

 今日记录

中国四大茶区（4-1）

不同的地域出产的茶，在茶叶原料，制茶工艺，茶的外形、色泽、口感、功效等方面都有明显的差异。中国的茶种植，大致分为四个大茶区，即华南茶区、西南茶区、江南茶区、江北茶区，形成了一批有代表性和有影响力的茶叶区域公用品牌。

华南茶区是中国茶树生长舒适区

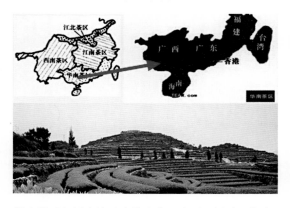

华南茶区包括南岭以南的广东、广西、福建、海南、台湾等地。该茶区水热资源丰富，土壤肥沃，以生产红茶、乌龙茶为主。该茶区气温较高，特别是海南和台湾，近热带气候，受海洋影响，各季气温变化不大，茶树一年四季均可生长。华南茶区适宜加工的茶叶的种类有红茶、普洱茶、六堡茶、青茶（乌龙茶）、白茶等。该区的乌龙茶最有特色，品种繁多，品质优良。华南茶区堪称中国产茶之最了。

形成了有代表性和有影响力的茶叶区域公用品牌：安溪铁观音（福建）、武夷岩茶（福建）、福鼎白茶（福建）、英德红茶（广东）、凤凰单丛（广东）、福州茉莉花茶（福建）、横县茉莉花茶（广西）。

WEDNESDAY. FEB 7, 2018

2018 年 2 月 7 日

农历丁酉年 · 腊月廿二

星期三

二月七日

 今日记录

六九第三日

中国四大茶区（4-2）

西南茶区是中国古老茶区

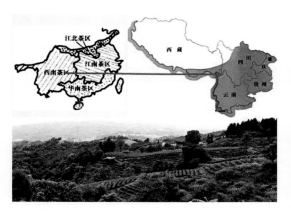

华南茶区包括云南、四川、贵州和西藏东南等地，气候温和较平稳，水热条件较好。特别是云南茶区，冬不寒、夏不热，极其适宜茶树生长。适产红碎茶、绿茶、普洱茶、花茶、边销茶等。该茶区的茶叶的种类有滇红、普洱茶、蒙顶茶、都匀毛尖等。

形成了有代表性和有影响力的茶叶区域公用品牌：普洱茶（云南）、凤庆滇红（云南）、蒙顶山茶（四川）、宜宾早茶（四川）、永川秀芽（重庆）、都匀毛尖（贵州）、湄潭翠芽（贵州）。

THURSDAY. FEB 8, 2018

2018 年 2 月 8 日

农历丁酉年 · 腊月廿三

星期四

二月八日

六九第四日

今日记录

中国四大茶区（4-3）

江南茶区是中国茶分布广阔区

江南茶区包括长江中下游以南的浙江、皖南、苏南、江西、湖北、湖南等地，是我国目前茶叶生产最集中的茶区。该地区季节均匀，四季分明，气温适宜茶树生长，并有充足的降水，因此，气候条件对茶树生长发育，以及采制茶品质量保障，都较有利。该区茶园大多处于丘陵低山地区，土层较薄，土壤结构稍差。江南茶区茶叶的种类为绿茶、青茶、花茶，也生产红茶、砖茶、黄茶。

形成了有代表性和有影响力的茶叶区域公用品牌：西湖龙井（浙江）、安吉白茶（浙江）、黄山毛峰（安徽）、祁门红茶（安徽）、六安瓜片（安徽）、太平猴魁（安徽）、洞庭山碧螺春（江苏）、庐山云雾茶（江西）、恩施玉露（湖北）、武当道茶（湖北）、安化黑茶（湖南）、碣滩茶（湖南）。

FRIDAY. FEB 9，2018

2018 年 2 月 9 日

农历丁酉年·腊月廿四

今日记录

中国四大茶区（4-4）

江北茶区是中国茶树适宜生长区

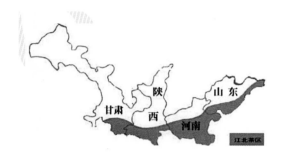

江北茶区包括长江中下游以北的山东、皖北、陕南、苏北、河南、甘肃等地。该地区地形较复杂，与其他茶区相比，气温较低，降水量较少，茶树新梢生长期短。土质黏重，肥力欠高，但有些山区土层深厚、有机质含量高，种茶品质较优异。江北茶区茶叶的种类以绿茶为主。

形成了有代表性和有影响力的茶叶区域公用品牌：日照绿茶（山东）、汉中仙毫（陕西）、信阳毛尖（河南）。

2016年中国十个最大产茶省是福建（37.96万吨）、云南（36.24万吨）、四川（26.23万吨）、贵州（22.33万吨）、湖北19.69万吨）、浙江（17.60万吨）、湖南17.24万吨）、安徽（11.32万吨）、广东（7.92万吨）、陕西（7.42万吨）。

SATURDAY. FEB 10, 2018

2018 年 2 月 10 日

农历丁酉年 · 腊月廿五

二月十日

今日记录

寿眉（贡眉）

寿眉，白茶类，寿眉也称贡眉，主产于福建省政和县、建阳市、松溪县、福鼎市等县（市）；白茶最早见于北宋宋徽宗赵佶《大观茶论·白茶》："白茶自为一种，与常茶不同。"《建瓯县志·卷二十五》记载"白毫茶，出西乡、紫溪二里"（即现在的建阳市漳墩镇桔坑村，该地相邻今政和、建阳、松溪）。

春茶、夏茶、秋茶季均可采摘。采用当地菜茶有性群体茶树鲜叶为原料，选用鲜叶标准1芽2叶至1芽2~3叶。要求含有嫩芽、壮芽，开面叶。

寿眉初制、精工艺与白牡丹基本相同。贡眉的基本加工工艺是：萎凋、烘干、拣剔、烘焙、装箱。

成品寿眉茶叶外形毫心明显，白茸披露，色泽翠绿；汤色呈橙色或深黄色，滋味醇爽，香气鲜纯；叶底匀整、柔软、鲜亮，叶片迎光可透视出主脉的红色。

冲泡寿眉时，茶与水的比例为1：25，投茶量5克，水125克（水125毫升）；主要泡茶具首选"三才碗"（盖碗），也可用玻璃杯、紫砂壶、瓷壶；适宜用水开沸点，水温摄氏100度（℃）时冲泡茶叶。

煮寿眉时，茶与水的比例为1：50，投茶量9克，水450克（水450毫升）；用陶壶，煮沸后调文火慢煮40~60分钟。

SUNDAY. FEB 11, 2018

2018 年 2 月 11 日

农历丁酉年 · 腊月廿六

 今日记录

谦师得茶三昧

元祐四年（1089），苏东坡第二次来杭州上任，这年腊月十七，他正游览西湖葛岭的寿星寺。南屏山麓净慈寺高僧谦师得知，便赶到北山，为苏东坡点茶。

苏轼品尝谦师的茶后，做诗一首，记述此事，诗的名称是《送南屏谦师》，对谦师给予了很高的评价：道人晓出南屏山，来试点茶三昧手。忽惊午盏兔毛斑，打作春瓮鹅儿酒。天台乳花世不见，玉川凤液今安有。先生有意续茶经，会使老谦名不朽。后来，人们便把谦师称为"点茶三昧手"（"点茶三昧手"：指不仅展现出斗茶中的"止息杂念，心神平静"的专注，而且是手法行云流水，不但切要领，更得真谛）。

谦师治茶，有独特之处，但他自己说，"烹茶之事，得之于心，应之于手，非可以言传学到者。"

MONDAY. FEB 12, 2018

2018 年 2 月 12 日

农历丁酉年 · 腊月廿七

星期一

二月十二日

六九第八日

 今日记录

孙皓赐茶代酒

据《三国志·吴志·韦曜传》载：吴国（三国之一，222年~280年）的第四代国君孙皓，嗜好饮酒，每次设宴，来客至少饮酒七升，虽然不完全喝进嘴里，但也都要斟上并亮酒盏说干。而孙皓对博学多闻但不胜酒力的朝臣韦曜，甚为器重，常常私下为韦曜破例，"密赐茶荈以代酒"。

这是"以茶代酒"的最早记载。如今，"以茶代酒"不为失礼。

TUESDAY. FEB 13, 2018

2018 年 2 月 13 日

农历丁酉年 · 腊月廿八

星期二

二月十三日

六九第九日

 今日记录

珠兰花茶

珠兰花茶，属再加工茶的花茶，选用黄山毛峰、徽州烘青、老竹大方等优质绿茶作茶坯，混合窨制而成的花茶。珠兰花茶清香幽雅、鲜爽持久，是中国主要花茶品种之一，主要产地包括安徽歙县、福建福州、浙江金华和江西南昌等。珠兰花茶，原产地是安徽省黄山市歙县。创制于清代乾嘉年间，为历史名茶。清代歙县人江某由福建罢官回乡，因酷爱珠兰花香，引种到徽州，初期作为观赏，后用于窨制花茶。

珠兰属金粟兰科，花朵小，直径约 0.15 厘米（cm），似粟粒，色金黄，花粒紧贴在花枝上，每一花枝上有 6~7 对花粒，构成一花序，鲜花在 5~6 月开放，香气浓郁芬芳。珠兰花早晨采收成熟花枝，薄摊在竹匾上，散失水分促进吐香，中午前后及时将花与茶拼和窨制，成珠兰花茶。

冲泡珠兰花茶时，茶与水的比例为 1：50，投茶量 3克，水 150 克(水 150 毫升)；主要泡茶具首选"三才碗"（温杯，摇香，顺茶碗边缘缓缓注水后，加茶盖），也可用无色透明玻璃杯（采用下投法，先注水五分之一的开水，而后投入茶叶，半分钟后加至杯的五分之四，加用盖）；适宜用水开沸点，静候待水温降至摄氏 90 度（℃）时才用于泡茶叶。

WEDNESDAY. FEB 14, 2018

2018 年 2 月 14 日

农历丁酉年 · 腊月廿九

星期三

 今日记录

七九第一日

茶和中国传统节日·除夕

除夕，时值每年农历腊月的最后一个晚上。除，即去除之意；夕，指夜晚。除夕也就是辞旧迎新，一元复始，万象更新的节日。是中国最重要的传统节日之一。

据《吕氏春秋·季冬记》记载，古人在新年的前一天用击鼓的方法来驱逐"疫疠之鬼"，这就是"除夕"的由来。据称，最早提及"除夕"这一名称的，是西晋周处《风土记》等史籍。两晋之后，逐渐兴起了以茶待客、以茶为祭的文化。

古代以茶为祭的形式有三：只放上茶盅茶壶象征，不放茶叶；茶盏茶碗中倒入茶水；只放干茶叶。除夕，老传统的家庭奉祀茶，为"三茶"（三杯茶水），每日早晚献供上新茶。除夕夜恭奉供茶，上元（元宵节）夜恭敬撤供。

明代唐伯虎《除夕口占》诗云："柴米油盐酱醋茶，般般都在别人家。岁暮清淡无一事，竹堂寺里看梅花"。其实，无论是客居还是居家，除夕的年夜饭和守岁都会有饮用茶。宜采用瀹泡法泡茶，即：煮茗（煮茶），从绿茶、黄茶、白茶、青茶、红茶、黑茶六大类之中，选三类（三款茶叶，大约各为三分之一），茶叶与水的比例为 1:100（相当于 14 克茶叶注入 1400 克水，茶叶与水放在同一个壶中（大号玻璃煮水壶）放在陶磁炉上煮茶，第一壶茶，水煮开后即可饮；随后每壶水煮开后多煮 5 分钟，递增。

THURSDAY. FEB 15, 2018

2018 年 2 月 15 日

农历丁酉年 · 腊月三十

星期四

二月十五日 除夕

七九第二日

今日记录

茶和中国传统节日·春节

春节的起源说中，较具代表性说法：春节源于腊祭、源于巫术仪式说、源于鬼节说等，其中被普遍接受的说法，春节由虞舜时期兴起。公元前 2000 多年的一天，舜继天子位，带领着部下人员，祭拜天地。人们就把这一天当作岁首。后来成为农历新年的由来，再后来叫春节。

在现代，人们把春节定于农历正月初一，但一般至少要到正月十五（元宵节）后，农历新年才算结束，在民间，传统意义上的春节是指从腊月的腊祭或腊月二十三或二十四的祭灶，一直到正月十九。在春节期间，中国的汉族和一些少数民族都要举行各种庆祝活动。这些活动均以祭祀祖神、祭奠祖先、除旧布新、迎禧接福、祈求丰年为主要内容，形式丰富多彩，带有浓郁的各民族特色。

在春节期间以茶祭祀、以茶奉礼、以茶待客、以茶养生、以茶习艺、以茶聚雅、以茶添趣等，是中国传统文化的一部分，不但是每家每户的家常事，有的家庭成员还到了"无茶则滞""无茶心生尘"的程度。

星期五

二月十六日 春节

七九第三日

🕊 今日记录

茉莉花茶

茉莉花茶，属再加工茶的花茶，又叫茉莉香片，茉莉花茶发源地为福建福州，创制于清代。现生产地有福建、广西、北京（主要是窨提工艺）、四川、浙江、广东、安徽省和江苏省苏州市。

茉莉花茶采用优质绿茶和高品质的茉莉花为原料，经过四窨一提至七窨一提精心加工而成。花茶窨制过程主要是鲜花吐香、茶胚吸香的过程。成熟的茉莉花在酶、温度、水分、氧气等作用下，而不断分解出芬香物质，茶胚吸香同时也吸收大量水分，由于水的渗透作用，产生了化学吸附，在湿热作用下，发生了复杂的化学变化，形成特有的花茶的香、色、味。

产品形态有茉莉银针、茉莉绣球、茉莉毛尖、等众多品种，外形造型独特，香气鲜灵浓郁，汤色黄亮，滋味醇厚甘爽，叶底嫩匀，嫩黄明亮。

冲泡茉莉花茶时，茶与水的比例为 1∶50，投茶量 3 克，水 150 克（水 150 毫升）；主要泡茶具首选"三才碗"（顺茶碗边缘缓缓注水后，加茶盖）也可用无色透明玻璃杯（采用下投法，先注水五分之一的开水，而后投入茶叶，半分钟后加至杯的五分之四，加用盖）；适宜用水开沸点，静候待水温降至摄氏 95 度 (℃) 时才用于泡茶叶。

SATURDAY. FEB 17, 2018

2018 年 2 月 17 日

农历戊戌年·正月初二

星期六

二月十七日

七九第四日

 今日记录

顾闳中 韩熙载夜宴图（宴间小憩）
佚名（宋）摹本

顾闳中　韩熙载夜宴图（第三段　宴间小憩）（宋）佚名摹
本绢本设色，纵 28.7 厘米，长 335.5 厘米，现藏于北京
故宫博物院。

《韩熙载夜宴图》是五代十国时南唐画家的作品，现
存宋摹本。韩熙载夜宴图，第三段宴间小憩，描绘的
是韩熙载坐在床榻上，边洗手边和侍女们谈话。此时
的琵琶和笛箫都被一个女子扛着往里走，随后还跟着
一位端杯盘的女子。两位女子好像还在对今晚的宴会
津津乐道，更加烘托出了轻松的氛围。糕点、水果都
已上齐，宾主席都等待着侍女们奉上茶水，畅饮。

SUNDAY. FEB 18, 2018

2018 年 2 月 18 日

农历戊戌年·正月初三

星期日

二月十八日

七九第五日

 今日记录

茶和二十四节气时令·雨水

"雨水"是每年二十四节气中的第2个节气。"雨水"节气到来，阳光和煦，春风遍吹，空气湿润，毛毛细雨水，大地渐渐开始呈现欣欣向荣的景象。"雨水"节气中的"雨"主要是"遇"水。

雨水、惊蛰、春分都是种植茶树的好时节。茶谚有"雨水春分，种茶伸根。""正月栽茶用手捺，二月栽茶用脚踏，三月栽茶用锄夯也夯不活"。虽然，大雪、冬至、小寒、大寒、立春、雨水、惊蛰、春分节气里，天寒地冻茶叶不长芽，但嘉木灵芽"借水而发"，这几个月之中还可能会有雨水茶出产，只是茶农自用零星且很少采摘取，就是雨水节气里采摘的那一星点，也不是通常所指的"雨前茶"。

"雨水"节气里，喝什么茶？雨水时气温回升，降水增多，乍暖还寒，湿气重和风寒是这个节气的主要特点，寒湿之邪最易困着脾脏，要特别注意保护脾胃，预防感冒。可多饮用健脾行气之茶。最是适宜的有黄茶、白茶(白毫银针、白牡丹、寿眉，均在3年以上)、再加工茶（茉莉花茶）、凤凰单丛和红茶。如果喝绿茶，相应该喝对应量的乌龙茶（中度焙火的武夷岩茶、古老工艺的铁观音茶）。

星期一

二月十九日　雨水

今日记录

七九第六日

翠毫香茗

翠毫香茗，绿茶类，产于四川省成都市郫县唐昌镇及永川市，创制于1990年。

2月中下旬开始采摘。选用鲜叶标准是：高档名茶原料为1芽1叶初展，中、低档名茶原料为1芽1叶开展或1芽2叶初展。以3月中下旬至谷雨前，采摘的鲜叶加工的高档名茶为最佳。采摘要求芽叶完整、新鲜、洁净，不采摘紫色叶、雨水叶、露水叶、病虫叶。

制茶工艺工序是选用福鼎大白茶的幼嫩芽叶为原料，在传统扁形名茶全炒青工艺及外形风格的基础上，经过改进，形成翠毫香茗独特的烘炒结合型工艺。加工工艺分为杀青、烘二青、做形、干燥整形等工序。

成品翠毫香茗茶茶叶的外形是扁平匀直，色泽翠绿有毫；毫香显露、清高持久，汤色绿清亮，滋味鲜爽回甘；叶底嫩绿、匀亮。

冲泡翠毫香茗时，茶与水的比例为1∶50，投茶量3克，水150克(水150毫升)；主要泡茶具首选玻璃杯，可以用"三才碗"(盖碗)；适宜用开水，静候待水温降至摄氏80度（℃）时冲泡茶叶。中、低档茶冲茶，水温掌握在85度（℃）。

图片来源：《中国茶谱》

TUESDAY. FEB 20, 2018

2018 年 2 月 20 日

农历戊戌年 · 正月初五

星期二

二月二十日

 今日记录

峨眉峨蕊

峨眉峨蕊，绿茶类，产于四川省峨眉山市国家级旅游风景区峨眉山，创制于 1959 年。《峨眉志》："峨山多药草，茶尤好，异于天下。今黑水寺磨绝顶产一种茶，味初苦终甘，不减江南春采。"宋代陆游"煮茶"诗有"雪芽近自峨眉得，不减红囊顾诸春"。峨蕊，因其形似花蕊，故得名。

峨蕊最初采制的茶树品种为四川中小叶群体种，后引种了福鼎无性系良种。3 月上旬开始采摘（福鼎系良种在 2 月中下旬即可采摘）。选用鲜叶标准是独芽至 1 芽 1 叶开展。

制茶工艺工序是高温杀青、三炒三揉（初揉、二炒、二揉、三炒、三揉、四炒），整形提毫，文火慢烘，足火干燥，摊晾、包装。

成品峨眉峨蕊茶叶的外形是紧结纤秀，全毫如眉，似片片绿萼开放，朵朵花蕊吐香，色泽嫩绿、鲜润显毫，嫩香馥郁持久；汤色色嫩绿清澈，滋味鲜醇，饮后回甘；叶底嫩绿、明亮。

冲泡峨眉峨蕊时，茶与水的比例为 1：50，投茶量 3 克，水 150 克(水 150 毫升)；主要泡茶具首选"三才碗"（盖碗），也可用玻璃杯；适宜用开水，静候待水温降至摄氏 80 度（℃）时冲泡茶叶。

WEDNESDAY. FEB 21，2018

2018 年 2 月 21 日

农历戊戌年·正月初六

星期三

二月二十一日

七九第八日

 今日记录

普洱茶

普洱茶，黑茶类，主要产于云南省勐海、勐腊、普洱市、耿马、沧源、双江、临沧、元江、景东、大理、屏边、河口、马关、麻栗坡、文山、西畴、广南、永德。普洱茶有普洱（生茶也称青饼）和普洱（熟茶）。

普洱（生茶也称青饼）是以符合普洱茶产地环境条件下生长的云南大叶种茶树鲜叶为原料，经杀青、揉捻、日光干燥、蒸压成型等工艺制成的紧压茶。成品外形色泽墨绿，香气清纯持久，汤色绿黄清亮，滋味浓厚回甘，叶底肥厚黄绿。

普洱（熟茶）是以符合普洱茶产地环境条件下生长的云南大叶种晒青茶为原料，采用特定工艺、经快速后发酵熟化加工形成的散茶和紧压茶。成品外形色泽红褐，香气独特陈香，汤色红浓明亮，滋味纯和回甘，叶底红褐。

普洱茶形态有：饼茶，扁平圆盘状，其中七子饼每块净重 357 克，每七个为一提，每提（筒）重 2500 克。沱茶，形状跟饭碗一般大小，每个净重 100 克、250 克，迷你小沱茶每个净重 2 克~5 克。砖茶，长方形或正方形，250 克~1000 克。金瓜贡茶，压制成大小不等的瓜形，从 100 克到数百斤。香菇紧茶，压制成香菇状的普洱茶，重量约为 250 克。柱茶，压制成长柱状的普洱茶，再用竹片或笋壳包扎在外面，100 克~1000 克以上。小金沱，圆形的沱茶，2 克。老茶头，也叫自然沱。

图片来源：《中国茶谱》

THURSDAY. FEB 22, 2018

2018 年 2 月 22 日

农历戊戌年 · 正月初七

星期四

二月二十二日

七九第九日

 今日记录

罗针茶

罗针茶，绿茶类，产于湖北省咸宁市罗山，为新创名茶。

2月底3月初开始采摘。以福鼎大白、白毫早和碧香早等优良茶树鲜叶为主要原料，选用鲜叶标准是独芽鲜叶未展开的肥壮嫩芽，要求整齐，且不采雨水叶、露水叶、空心芽、病虫芽、瘦弱芽，只采健壮单芽。

制茶工艺工序是摊青、杀青、理条整形、干燥、足干。

成品罗针茶茶叶的外形是条索挺直略扁，色泽润绿显毫，香高持久；茶汤嫩绿明亮，味浓鲜爽、回甘；叶底绿微黄、均亮。

冲泡罗针茶时，茶与水的比例为1∶50，投茶量3克，水150克(水150毫升)；主要泡茶具首选"三才碗"(盖碗)，也可用玻璃杯；适宜用开水，静候待水温降至摄氏80度（℃）时冲泡茶叶。

图片来源：《中国茶谱》

FRIDAY. FEB 23, 2018

2018 年 2 月 23 日

农历戊戌年·正月初八

星期五

二月二十三日

八九第一日

 今日记录

康砖

康砖，黑茶类，产于四川省荥经、雅安、天全、名山、邛崃等地，创制于清代乾隆年间。

康砖是蒸压而成的砖形茶。其原料有做庄茶、级外晒青茶、条茶、茶梗、茶果等制成的毛茶。毛茶原料需进行杀青、渥堆、初干蒸揉等工序制作而成。毛茶干燥后，再经筛分、切铡整形、风选、拣剔等工序加以整理归堆，按标准合理配料，经过称量、汽蒸、筑压、干燥等工序最后加工成康砖。

成品康砖外形长 17 厘米、宽 9 厘米、厚 6 厘米，每块砖净重均为 0.5 公斤；外形圆角长方形，外形表面平整，紧实，洒面均匀明显，无脱层脱落，色泽棕褐，砖内无黑霉、白霉、青霉等霉菌。内质香气纯正，具有老茶的香气；汤色红褐，尚明，滋味纯尚浓，叶底棕褐欠匀。

冲泡康砖时，茶与水的比例为 1∶20，投茶量 7 克，水 140 克(水 140 毫升)；主要泡茶具首选"三才碗"(盖碗)；适宜用水开沸点摄氏 100 度 (℃) 时，冲泡茶叶。

康砖饮用方法多元性，煎、煮、冲泡、提汁、干嚼均可；茶汁可以和多类食物和饮液混合食用，如多种中草药、谷物、奶乳、水果、植汁、盐、糖等。

品赏康砖有四绝"红、浓、陈、醇"。

图片来源：《中国茶谱》

SATURDAY. FEB 24, 2018

2018 年 2 月 24 日

农历戊戌年 · 正月初九

星期六

二月二十四日

八九第二日

 今日记录

天福茶博物院

天福茶博物院是一家茶文化主题体验博物馆，位于中国福建省漳州市漳浦 324 国道旁。天福茶博物院面积占地 80 亩。2002 年元月建成开院。是由天福集团独立承建。每周二至周日 9:00~17:00 向公众开放，周一及法定节假日闭馆。

天福茶博物院的景区设四大展馆：主展馆、中国茶道教室、日本茶道馆和韩国茶礼馆。还有薪火相传、茗风石刻、明湖垂影、茂林修竹、唐山瀑布、武人茶苑、兰亭曲水、天宫赐福等八大景观。

主展馆，以生动的模型、灯箱及图片展示中国云南野生大茶树群落、中华茶文化、世界各国茶情及茶文化、民族饮茶风情、现代茶艺、茶与诗、茶与书画、茶与健康及茶业科技等。

中国茶道教室，一楼设有茶艺表演厅和溢香轩、品茗阁等环境优雅的品茗场所，兼作茶道教学；二楼为设施先进的国际会议厅。

日本茶道馆（福慧庵），日本式庭院及茶室，设有精亭（四叠半）、俭亭（八叠）、敬亭（立礼席）分别代表三个不同时代风格的日本茶室。

SUNDAY. FEB 25，2018

2018 年 2 月 25 日

农历戊戌年 · 正月初十

星期日

二月二十五日

 今日记录

茶谚·高山云雾出好茶

茶树具有喜温、喜湿、耐荫的生活习性，需要充足的水分，靠的主要是雨水。茶树生长在高山，雨水充足，光合作用形成的糖类化合物缩合会发生困难，纤维素不易形成，使得茶树上的叶片能在较长时期内保持鲜嫩而不粗老。所以，高山茶新梢肥壮，色泽翠绿，茸毛多，节间长，鲜嫩度好。由此加工而成的茶叶，往往具有特殊的花香，而且香气高，滋味浓，耐冲泡，条索肥硕、紧结，白毫显露。

茶树生长在高山，常常雾锁闭日，由于光线受到雾珠的影响，使得红橙黄绿蓝靛紫七种可见光的红黄光得到加强，从而使茶树芽叶中的氨基酸、叶绿素和水分含量明显增加；加上茶树接受光照时间短、强度低、漫射光多，而有利于茶叶中含氮化合物，诸如叶绿素、全氮量和氨基酸含量的增加。

高山的气温能改善茶叶的内质。海拔每升高100米，气温大致降低0.6摄氏度，而温度决定着茶树中酶的活性。茶树新梢中茶多酚和儿茶素的含量，随着海拔高度的升高气温的降低而减少，从而使茶叶的浓涩味减轻；而茶叶中氨基酸和芳香物质的含量，却随着海拔升高气温的降低而增加，这就为茶叶滋味的鲜爽甘醇提供了物质基础。

MONDAY. FEB 26, 2018

2018 年 2 月 26 日

农历戊戌年·正月十一

星期一

二月二十六日

 今日记录

八九第四日

碧潭飘雪

碧潭飘雪，属再加工茶的花茶，产于四川省新津县，创制于 1991。

清明前采摘，采用四川中小叶群体品种、名山 131 良种茶树鲜叶为原料，选用鲜叶的标准是独芽至 1 芽 1 叶初展，要求细嫩芽叶。

制茶工艺工序是杀青、揉捻、做形、干燥制成茶坯；再佐以盛夏含苞待放的优质茉莉鲜花，通过"一窨一炒"工艺加工而成，使茉莉花的鲜灵芬芳与茶胚的清香融为一体。

成品碧潭飘雪茶叶的外形紧细匀整，芽毫显露，茉莉花瓣洁白，与茶融为一体；香气高爽带炒香（以绿茶茶香为主，带有茉莉花香；汤色绿亮，花瓣悬浮在汤水面，美丽似雪，"碧潭飘雪"之名由此而来）；滋味醇爽，叶底嫩绿明亮。

冲泡碧潭飘雪时，茶与水的比例为 1：50，投茶量 3 克，水 150 克（水 150 毫升）；主要泡茶具首选"三才碗"（顺茶碗边缘缓缓注水后，加茶盖），也可用无色透明玻璃杯（采用下投法，先注水五分之一的开水，而后投入茶叶，半分钟后加至杯的五分之四，加用盖）；适宜用水开沸点，静候待水温降至摄氏 90 度（℃）时才用于泡茶叶。

图片来源：《中国茶谱》

TUESDAY. FEB 27, 2018

2018 年 2 月 27 日

农历戊戌年 · 正月十二

星期二

二月二十七日

 今日记录

宫乐图 (会茗图) (唐) 佚名

宫乐图 (会茗图) (唐) 佚名 纵48.7厘米, 横69.5厘米 台北故宫博物院藏

描绘宫廷仕女坐长案娱乐茗饮的盛况。图中12人, 或坐或站于条案四周, 长案正中置一大茶海, 茶海中有一长柄茶勺, 有正操勺者, 舀茶汤于自己茶碗内, 另有正在啜茗品尝者, 也有弹琴、吹箫者, 神态生动, 描绘细腻。

WEDNESDAY. FEB 28，2018

2018 年 2 月 28 日

农历戊戌年·正月十三

星期三

二月二十八日

 今日记录

八九第六日

大佛龙井

大佛龙井，绿茶类，产于浙江省新昌县，创制于 20 世纪 80 年代。大佛龙井的适制品种为培坑种、龙井长叶、龙井 43、乌牛早等茶树良种。茶园主要分布在海拔 400 米以上的山地之中。

2 月底至 3 月初开始采摘。选用鲜叶标准是：1 芽 1 叶至 1 芽 2 叶；高档茶的采摘标准为 1 芽 1 叶初展，要求芽叶肥壮，芽长于叶，大小匀齐，芽叶完整，不带鱼叶，不带梗蒂，不带老叶。

制茶工艺工序是摊放、杀青、摊凉、辉干、分筛、整形。

成品大佛龙井茶叶的外形是扁平光滑，尖削挺直，色泽嫩绿匀润；香气嫩香持久，略带兰花香，滋味鲜爽甘醇，汤色杏绿明亮；叶底细嫩成朵，嫩绿、明亮。

冲泡大佛龙井时，采用中投泡法为最佳。茶与水的比例为 1：60，投茶量 3 克，水 180 克（水 180 毫升）；主要泡茶具宜用玻璃杯；适宜用开水 100 度（℃）小量倒入玻璃杯温杯预热后倒去，然后倒入四分之一的热水在玻璃杯中，这时才投入大佛龙井茶叶，达到茶叶均浸润后，再注入热水至五分之四。

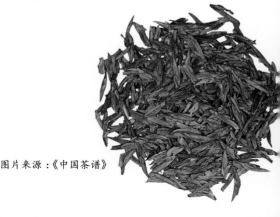

图片来源：《中国茶谱》

星期四

三月一日

今日记录

八九第七日

茶和中国传统节日·元宵节

元宵节，是春节之后的第一个重要节日，正月是农历的元月，古人称夜为"宵"，所以把一年中第一个月圆之夜正月十五称为元宵节。传统习俗出门赏月、燃灯放焰、聚猜灯谜、共吃元宵、拉兔子灯等。此外，不少地方元宵节还增加了耍龙灯、耍狮子、踩高跷、划旱船、扭秧歌、打太平鼓等传统民俗表演。

元宵节里必会"共吃元宵"，元宵好吃，但过于甜腻又不易消化，吃元宵喝茶就如同"米哥茶弟"少不了搭配一起饮食。元宵节处在"立春"节气里，吃元宵喝茶宜选茉莉花茶、红茶、绿茶、普洱熟茶、白茶（有年份的白毫银针、白牡丹、寿眉）。但"共吃元宵"配不同茶，还是颇有讲究。

芒果、蓝莓、菠萝、山楂等水果馅的元宵圆，就适宜选择红茶、茉莉花茶，在吃了元宵圆之后，泡制饮用。

黑芝麻、花生、巧克力等五仁加糖类馅的元宵圆，就适宜选择普洱熟茶、六堡茶，在吃了元宵圆之后，泡制饮用。

菠菜、鲜肉等新鲜馅料的元宵圆，就适宜选择绿茶、白茶（有年份的白毫银针、白牡丹、寿眉），在吃了元宵圆之后，泡制饮用。

FRIDAY. MAR 2, 2018

2018 年 3 月 2 日

农历戊戌年·正月十五

星期五

三月二日　元宵节

八九第八日

 今日记录

早白尖工夫红茶

早白尖工夫红茶，红茶类，产于四川省宜宾市的宜宾县、高县、筠连县、珙县，早白尖工夫红茶为"川红"珍品，创制于 1949 年。

春茶、夏茶、秋茶季均可采摘。采用当地的早白尖良种茶树鲜叶为原料，选用鲜叶的标准是 1 芽 2~3 叶鲜叶。

制茶工艺工序是萎凋、揉捻、发酵、烘干。初制加工而成红毛茶，再经过筛分、轧切、风选、拣剔、补火、清风、拼和等精制工序加工成成品。其特点是生产季节早、采摘细嫩、做工细致。

成品早白尖工夫红茶茶叶外形紧结壮实，有锋苗、显毫，色泽乌润，香气鲜甜，汤色红亮，滋味鲜醇爽口，叶底红亮匀整。早、嫩、快、好的突出特点。

冲泡早白尖工夫红茶时，茶与水的比例为 1：50，投茶量 3 克，水 150 克（水 150 毫升）；主要泡茶具首选"三才碗"（顺茶碗边缘缓缓注水后，加茶盖），也可用无色透明玻璃杯（采用下投法，先注水五分之一的开水，而后投入茶叶，半分钟后加至杯的五分之四，加用盖）；适宜用水开沸点，静候待水温降至摄氏 90 度（℃）时才用于泡茶叶。

图片来源：《中国茶谱》

SATURDAY. MAR 3, 2018

2018 年 3 月 3 日

农历戊戌年 · 正月十六

 今日记录

八九第九日

汉代茶叶植物标本

2016年1月，中国科学院的研究人员在英国顶级期刊《自然（Nature）》所属的《科学报告（Scientific Reports）》上发表研究成果，确认了在汉景帝帝陵第15号从葬坑随葬品中发现的植物标本为茶叶。这是中国悠久茶史的实物力证，见证了古代"丝绸之路"的起源，也成为汉景帝阳陵博物院"镇馆之宝"。

2016年5月，这些2150年前茶叶文物获得吉尼斯世界记录"世界上最早的茶叶"的认证。

SUNDAY. MAR 4, 2018

2018 年 3 月 4 日

农历戊戌年·正月十七

星期日

三月四日

今日记录

九九第一日

茶和二十四节气时令·惊蛰

"惊蛰"是每年二十四节气中的第 3 个节气。蛰，是藏的意思，动物入冬藏伏土中，不饮不食，称为"蛰"。"春雷响，万物生"，惊蛰时分，天气转暖，渐有春雷，是万物复苏萌芽初始的时节。惊蛰还是种植茶树的好时节。茶树，大多在"惊蛰"期间开始萌芽，进入萌发生长期。茶谚有"万物长，惊蛰过，茶脱壳。"对于自然生长三年以上的茶树而言，通常再过20 天左右就可采摘鲜茶芽。

"惊蛰"节气里，喝什么茶？惊蛰时节阳气上升但还弱，气温冷暖变幻不定，"暖和和"、"倒春寒"、"春困"都令人生燥，应顺春天阳气之生，助肾补肝，力促微汗散发冬季蕴藏的寒气。适宜多饮白茶（白牡丹、寿眉，均在 3 年以上）。适合这节气饮用的可选茶还有：武夷岩茶（小金龟、北闽水仙）、黑茶（包括普洱熟茶、沱茶、六堡茶、砖茶，均在 5 年以上）、红茶、再加工茶（茉莉花茶）。如果喝绿茶，相应该喝对应量的乌龙茶（中度焙火的武夷岩茶、古老工艺的铁观音茶）。

MONDAY. MAR 5, 2018

2018 年 3 月 5 日

农历戊戌年·正月十八

星期一

三月五日 惊蛰

今日记录

九九第二日

龙都香茗

龙都香茗，属再加工茶的花茶，产于四川省荣县。创制于 1987 年。

龙都香茗茶坯原料选用高山早春茶芽和无公害无污染的龙都生态茶园之优良品种，于清明前后 15 天，采摘 1 芽 1 叶初展和 1 芽 2 叶初展的细嫩芽叶。

制茶工艺工序是经过初制（杀青、揉捻、烘焙干燥）、精制和拼配，形成优质烘青茶坯，再选用优质茉莉鲜花，通过"四窨一提"的工艺窨制而成。该茶品的生产制作在传统川烘工艺基础上进行了较大改进，掌握好花的芳香与茶的吸香期，采用特殊的窨制，使香袭深透，达到花香不见花的境界。

成品龙都香茗茶叶的外形紧细显毫，香气鲜灵芬芳持久，汤色黄绿明亮，滋味鲜醇回甘，叶底黄绿匀亮。

冲泡龙都香茗时，茶与水的比例为 1：50，投茶量 3 克，水 150 克(水 150 毫升)；主要泡茶具首选"三才碗"（温杯，摇香，顺茶碗边缘缓缓注水后，加茶盖），也可用无色透明玻璃杯（采用下投法，先注水五分之一的开水，而后投入茶叶，半分钟后加至杯的五分之四，加用盖）；适宜用水开沸点，静候待水温降至摄氏 95 度（℃）时才用于泡茶叶。

星期二

 今日记录

九九第三日

唐寅的诗怀画义

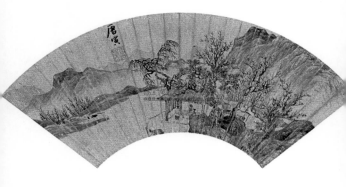

明代唐寅,字伯虎,号六如居士,别号桃花庵主。一位热衷于茶事的画家。他曾画过大型《茗事图卷》《事茗图》《品茶图》。这位桃花庵主,经常在桃花庵圃舍里与诗人画家品茗清谈,赋诗作画。他还颇有风趣地畅想抒怀:若是有朝一日,能买得起一座青山的话,要使山前岭后都变成茶园,每当早春,在春茶刚刚吐出鲜嫩小芽之时,即上茶山去采摘春茶;按照前代品茗大师的烹茶之法,亲自烹茗品尝,闻着嫩芽的清香,听着水沸时发出的松鸣风韵,岂不是人生聊以自娱的陶情之道吗?

WEDNESDAY. MAR 7, 2018

2018 年 3 月 7 日

农历戊戌年·正月二十

星期三

三月七日

 今日记录

调琴啜茗图卷（听琴图）（唐）周昉

调琴啜茗图卷（听琴图）（唐）周昉　台北故宫博物院收藏

周昉，又名景玄，字仲朗、京兆，西安人，唐代著名仕女画家。擅长表现贵族妇女、肖像和佛像。

画中描绘五位女性，其中三位系贵族妇女。一女坐在盘石上，正在调琴，左立一侍女，手托木盘，另一女坐在圆凳上，背向外，注视着琴音，作欲饮之态。又一女坐在椅子上，袖手听琴，另一侍女捧茶碗立于右边，画中贵族仕女曲眉丰肌、秾丽多态，反映了唐代的审美观，从画中仕女听琴品茗的姿态也可看出唐代贵族悠闲生活的一个侧面。

THURSDAY. MAR 8, 2018

2018 年 3 月 8 日

农历戊戌年·正月廿一

星期四

三月八日

九九第五日

 今日记录

石门银峰

石门银峰，绿茶类，产于湖南省石门县，创制于 1989 年。

清明前后，选择晴天采摘春茶头轮新梢。选用鲜叶标准是：特号茶采单芽头（银针型），一号茶采 1 芽 1 叶初展，二号茶 1 芽 1 叶开展，三号茶采 1 芽 2 叶开展。要求做到"四不采"，不采雨水叶，不采露水叶，不采紫色芽叶，不采病虫瘦弱芽叶，鲜叶要嫩、匀、净、齐。采回的鲜叶，分级摊放。

制茶工艺工序是摊青、杀青、清风（摊凉）、炒坯、理条、紧条、摊凉、提毫、烘焙。

成品石门银峰茶叶的外形是条索紧细匀直，银毫满披闪光，色泽隐翠油润；内质香气浓郁持久，汤色杏绿明亮，滋味醇厚爽口，回味甘甜，叶底鲜嫩匀齐。"头泡清香、二泡味浓、三泡四泡，幽香尤存"。

冲泡石门银峰时，茶与水的比例为 1∶50，投茶量 3 克，水 150 克(水 150 毫升)；主要泡茶具首选"三才碗"（盖碗），也可用玻璃杯；适宜用水开沸点，静候待水温降至摄氏 80 度（℃）时冲泡茶叶。

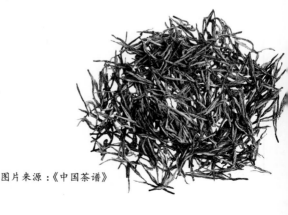

图片来源：《中国茶谱》

FRIDAY. MAR 9, 2018

2018 年 3 月 9 日

农历戊戌年 · 正月廿二

星期五

三月九日

九九第六日

 今日记录

沩山毛尖

沩山毛尖，黄茶类，产于湖南省宁乡县沩山（亦称：大沩山），为历史名茶。

清明后 7~8 天开始采摘。选用鲜叶标准是待肥厚的芽叶伸展到 1 芽 2 叶时，采下 1 芽 1 叶或 1 芽 2 叶，留下鱼叶，俗称"鸦雀嘴"。要求无残伤、无紫叶的鲜叶。

制茶工艺工序是杀青、闷黄、轻揉、烘焙、熏烟。其中熏烟为沩山毛尖的独特之处。

成品沩山毛尖茶叶的外形是条索微卷，自然开展呈朵，形似兰花，色泽黄亮油润，身披白毫，嫩香清鲜；汤色橙黄鲜亮，松烟香气芬芳浓郁，滋味甜醇爽口。叶底黄亮嫩匀。

冲泡沩山毛尖时，茶与水的比例为 1：50，投茶量 3克，水 150 克(水 150 毫升)；主要泡茶具首选"三才碗"（盖碗）、玻璃杯，也可用紫砂壶、瓷壶；适宜用水开沸点，静候待水温降至摄氏 85 度（℃）时冲泡茶叶。

SATURDAY. MAR 10, 2018

2018 年 3 月 10 日

农历戊戌年 · 正月廿三

星期六

三月十日

九九第七日

 今日记录

武阳春雨

武阳春雨，绿茶类，产于浙江省武义武阳川，为新创名茶。因干茶形紧细似松针，似江南春雨丝丝缕缕，并兼顾武义古名"武阳川"故取名"武阳春雨"。

3月中旬前后开始采摘。采自迎霜、龙井长叶、武阳香等优良茶树品种，选用鲜叶标准是1芽1叶初展。

制茶工艺工序是摊放、杀青、理条、初烘、复烘、整理。

成品武阳春雨茶叶的外形是条索似松针丝雨，显茸毫，色泽嫩绿稍黄，兰花清香，幽远持久，滋味鲜醇回甘，汤色清澈明亮，叶底新鲜嫩绿，芽叶匀整。

冲泡武阳春雨时，茶与水的比例为1∶50，投茶量3克，水150克(水150毫升)；主要泡茶具首选"三才碗"(盖碗)，也可用玻璃杯、紫砂壶、瓷壶；适宜用水开沸点，静候待水温降至摄氏80度（℃）时冲泡茶叶。

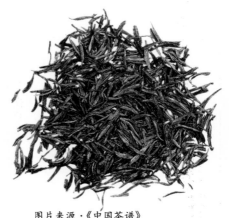

图片来源:《中国茶谱》

SUNDAY. MAR 11, 2018

2018 年 3 月 11 日

农历戊戌年 · 正月廿四

星期日

三月十一日

 今日记录

植树节

植树节是一些国家用法律规定的以宣传保护森林，并动员群众参加以植树造林为活动内容的节日。中国的植树节定为 3 月 12 日始于纪念孙中山先生逝世。1979 年 2 月 23 日，第五届全国人大常务委员会第六次会议决定每年 3 月 12 日为中国的植树节，以鼓励全国各族人民植树造林，绿化祖国，改善环境，造福子孙后代。

今年的植树节在农历正月廿五，茶谚有"正月栽茶用手捻，二月栽茶用脚踏，三月栽茶用锄夯也夯不活"。正处种植茶的最佳时期，要注重种植优质茶苗茶树。

MONDAY. MAR 12，2018

2018 年 3 月 12 日

农历戊戌年·正月廿五

星期一

 今日记录

西涧春雪

西涧春雪，绿茶类，产于安徽省滁州市，创制于1989年前后。历史上的"西涧春潮"曾是滁州十二景之一，唐朝诗人韦应物有诗题目《滁州西涧》。"西涧春雪"茶名即取自这一景，同时"春"表示时间，"雪"表示该茶白毫多。

清明至谷雨采摘。采摘当地群体种茶树鲜叶为原料，选用鲜叶标准是：特级1芽1叶初展为主，芽长2.5厘米（cm）左右；一级1芽1叶半开为主，二级1芽1叶开展为主；三级1芽2叶初展为主。

制茶工艺工序是杀青、烘焙等。

成品西涧春雪茶叶的外形是条索扁直，色泽绿较润，显毫；清香高长，汤色碧绿，滋味鲜爽；叶底匀整明亮。

冲泡西涧春雪时，茶与水的比例为1∶50，投茶量3克，水150克（水150毫升）；主要泡茶具首选"三才碗"（盖碗），也可用玻璃杯、紫砂壶、瓷壶；适宜用水开沸点，静候待水温降至摄氏80~90度（℃）时冲泡茶叶（冲泡二级茶85℃、三级茶90℃）。

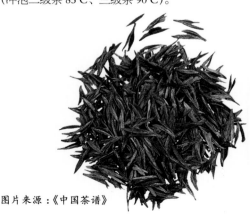

图片来源：《中国茶谱》

TUESDAY. MAR 13，2018

2018 年 3 月 13 日

农历戊戌年·正月廿六

星期二

今日记录

毛尖桂花

毛尖桂花，属再加工茶的花茶，产于广西全州县。

毛尖桂花茶选用毛尖绿茶和金桂品种的桂花为主，少量搭配银桂品种的桂花窨制而成。

制茶工艺工序是茶坯复火、冷却、鲜花处理、茶与花拌和、装箱窨花、通花、收堆续窨、复火、取出花干、冷却、鲜花处理、茶与花拌和、装箱二窨、通花、收堆续窨、复火、冷却、取出花干、提花、匀堆、装箱。

成品毛尖桂花茶叶的外形条索匀整，茶与花协调美观，内质香气清幽，香浓持久，滋味鲜醇，汤色金黄。

冲泡毛尖桂花时，茶与水的比例为 1∶50，投茶量 3 克，水 150 克(水 150 毫升)；主要泡茶具首选"三才碗"(温杯，摇香，顺茶碗边缘缓缓注水后，加茶盖)，也可用无色透明玻璃杯(采用下投法，先注水五分之一的开水，而后投入茶叶，半分钟后加至杯的五分之四，加用盖)；适宜用水开沸点，静候待水温降至摄氏 100 度（℃）时才用于泡茶叶。

WEDNESDAY. MAR 14, 2018

2018 年 3 月 14 日

农历戊戌年 · 正月廿七

星期三

 今日记录

安化松针

安化松针，绿茶类，产于湖南省安化县，创制于1959年。

3月中旬开始采摘。选用鲜叶标准是1芽1叶初展。采摘中，严格做到"六不采"的鲜叶是：不采摘虫伤叶，不采摘紫色叶，不采摘雨水叶，不采摘露水叶，不采摘节间过长的芽叶，不采摘特别粗壮的芽叶。

制茶工艺工序是摊放、杀青、揉捻、炒坯、摊凉、整形、干燥、筛拣。

成品安化松针茶叶的外形是紧结挺直细秀，白毫显露，色泽翠绿，形如松针；内质香气浓厚，滋味甜醇；汤色清澈明亮，耐冲泡；叶底匀嫩。

冲泡安化松针时，茶与水的比例为1：50，投茶量3克，水150克（水150毫升）；主要泡茶具首选玻璃杯，也可用"三才碗"（盖碗）；适宜用开水，静候待水温降至摄氏80度（℃）时冲泡茶叶。

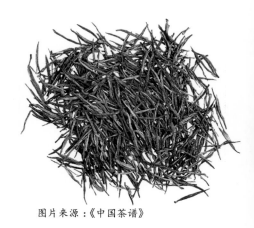

图片来源：《中国茶谱》

THURSDAY. MAR 15, 2018

2018 年 3 月 15 日

农历戊戌年·正月廿八

星期四

三月十五日

 今日记录

小布岩茶

小布岩茶，绿茶类，产于江西省宁都县小布镇岩背脑。创制于 1969 年。

3 月上旬开始采摘，1 芽 1 叶初展，要求长 3.0~3.5 厘米（cm），朵朵匀称，芽叶肥壮完整，大小一致，无紫色芽，无破损芽，无对夹叶、病虫叶和瘦弱叶，不采雨水叶，只采晴天收雾叶。

制茶工艺工序是摊放、杀青、初揉、炒二青、复揉、初干理条、摊凉、提毫、烘干。

成品小布岩茶茶叶的外形是条索弯曲如细眉，显毫，秀丽锋苗；内质嫩香持久，且有兰花清香；汤色黄绿明亮，滋味醇厚鲜爽，耐冲泡；叶底嫩绿匀净。

冲泡小布岩茶时，茶与水的比例为 1∶50，投茶量 3 克，水 150 克(水 150 毫升)；主要泡茶具首选"三才碗"（盖碗），也可用玻璃杯、紫砂壶、瓷壶；适宜用水开沸点，静候待水温降至摄氏 85 度（℃）时冲泡茶叶。

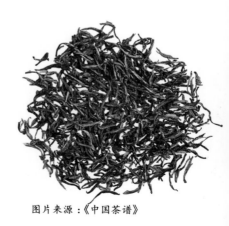

图片来源：《中国茶谱》

FRIDAY. MAR 16, 2018

2018 年 3 月 16 日

农历戊戌年·正月廿九

 今日记录

明前茶

"明前茶"，是始于古代中国长江流域的江南茶区按节气对不同阶段春茶的称呼。春茶，泛指春季和立夏、小满节气里采制的茶叶，用春季和立夏、小满节气里采制的茶叶沏泡的茶（水、汤）。春茶一般指由越冬后茶树第一次萌发的芽叶采制而成的茶叶（约3月下旬萌芽）。但是，按节气分，谷雨、立夏、小满采制的茶为春茶；按时间分，4月中下旬~5月下旬采制的为春茶。在4月上旬及之前采制的茶属是早春茶。

"明前茶"，是指清明节前采制的茶叶。清明节前采制的茶叶，受到虫害的侵扰少，芽叶细嫩，色翠香幽，味醇形美，是茶中佳品。同时，由于清明节前气温普遍较低，发芽数量有限，生长速度较慢，能达到采摘标准的茶产量很少，所以在江南茶区又有"明前茶，贵如金"之说。古老农业生产依节气指导农事。茶叶生产也是一样，早发品种的茶树往往在"惊蛰"和"春分"时开始萌芽，"清明"前就可采茶。

古时贡茶是"求早为珍"，唐代皇宫"清明宴"上所用的紫笋贡茶，是"春分"时节采制的。是"明前茶"中的"社前"茶。社前，是指春社前，约"清明"前半个月，这种春分时节采制的茶叶，更加细嫩和珍贵。

2018 年 3 月 17 日

农历戊戌年·二月初一

临海蟠毫

临海蟠毫，绿茶类，产于浙江省临海市云峰山，创制于 1981 年。

春分前后开始采摘，临海蟠毫的原料取自福鼎白毫良种，选用鲜叶标准是 1 芽 1 叶至 1 芽 2 叶初展，芽长于叶，芽叶长度要求 2~3 厘米（cm）。

制茶工艺工序是摊放、杀青、造型（边炒干边做形）、烘干等。

成品临海蟠毫茶叶的外形是条索嫩匀、卷曲近乎成颗粒，满披白毫，色泽绿润鲜活，内质毫香高鲜持久，香似珠兰花香；汤色嫩绿，明亮，茶香浓郁，滋味醇和；叶底嫩厚，芽叶成朵。

冲泡临海蟠毫时，采用上投泡法为最佳。茶与水的比例为 1：50，投茶量 3 克，水 150 克（水 150 毫升）；主要泡茶具宜用玻璃杯；适宜用开水 100 度（℃）小量倒入玻璃杯温杯预热后倒去，然后倒入五分之三的摄氏 85 度（℃）的热水在玻璃杯中，这时才投入临海蟠毫茶叶，再注入热水至五分之四。待 3~5 分钟后，当茶汤的温度降至摄氏 45~55 度（℃），才宜闻香和饮用。

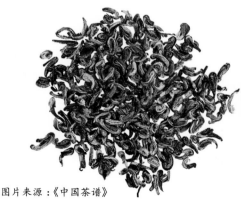

图片来源：《中国茶谱》

 今日记录

临安春雨初霁

（宋）陆游

世味年来薄似纱，谁令骑马客京华。

小楼一夜听春雨，深巷明朝卖杏花。

矮纸斜行闲作草，晴窗细乳戏分茶。

素衣莫起风尘叹，犹及清明可到家。

诗人陆游笔下描述：早春，只身于小楼中，听春雨淅淅沥沥和深幽小巷卖杏花声，来灵感时吟诗作画，天气好时，隔窗可见成群的斗茶点茶，阵阵茶香飘来。诗句"晴窗细乳戏分茶"，把宋代斗茶点茶的活动场面，唱得有景、有形、有声、有色、有味，令人称绝！

MONDAY. MAR 19，2018

2018 年 3 月 19 日

农历戊戌年 · 二月初三

星期一

三月十九日

🕊 今日记录

奉化曲毫

奉化曲毫，绿茶类，产于浙江省奉化口一带，创制于1997年。

3月中、下旬开始采摘。奉化曲毫采用福鼎白毫、歌乐、银片等无性系多毫良种鲜叶。选用鲜叶标准是嫩芽1芽为主。

制茶工艺工序是杀青、揉捻、做形、干燥等。

成品奉化曲毫茶叶的外形是肥壮蟠曲，绿润显毫；清香持久，滋味鲜爽回甘，汤色绿明；叶底嫩绿、明亮。

冲泡奉化曲毫时，茶与水的比例为1：50，投茶量3克，水150克（水150毫升）；主要泡茶具首选玻璃杯，也可用"三才碗"（盖碗）；适宜用开水，静候待水温降至摄氏80度（℃）时冲泡茶叶。

图片来源：《中国茶谱》

今日记录

茶和二十四节气时令·春分

"春分"是每年二十四节气中的第 4 个节气。全国气温已回升。从物候学上讲，此时已经真正到了春季。西北大部、华北北部和东北地区，晴日多风，乍暖还寒；江南、华南、西南茶区的气温适中，光照强度弱，雨量充沛，加上茶树经过上年漫长的秋、冬季休养生息，使得春梢芽叶肥壮，嫩度好，持嫩性强，色泽翠绿，叶质柔软，富有光泽，幼嫩芽叶茸毛多。有的茶区茶树经过 20 余天的萌芽生长期，到"春分"期间，便有开始采摘了。此时正常达标采摘制作的茶，是属"明前茶"中的"社前"茶。社前，是指春社前，古代在立春后的第五个戊日祭祀土神，称之为社日。按干支排列计算，社日一般在"立春"后的 41 天至 50 天之间，大约在"春分"时节，也就是比"清明"早半个月。

"春分"节气里，喝什么茶？自春分之日起，阳气将逐渐生发胜过阴气，应当遵循少阳初生之气的规律，在春分时节更要注意养阳气，润燥祛火（南方若是湿冷则要注意祛湿保暖）。适宜多饮再加工茶（茶茉莉花茶等）、黑茶（包括普洱茶、金尖茶、六堡茶、伏砖，均在 5 年以上）、红茶、乌龙茶，喝点新上绿茶"明前茶"。生活在南方湿冷地区，不宜多喝新上绿茶。

WEDNESDAY. MAR 21，2018

2018 年 3 月 21 日

农历戊戌年·二月初五

星期三

三月二十一日 春分

🕊 今日记录

碧螺春

碧螺春，绿茶类，产于江苏省苏州市吴县太湖洞庭山，创制于明末清初，为历史名茶。

"春分"开始采摘鲜叶至"谷雨"结束。采摘标准是1芽1叶初展。对采摘下来的芽叶要进行严格拣剔，去除鱼叶、老叶和过长的茎梗。

制茶工艺工序杀青、炒揉、搓团、焙干，在同一锅内一气呵成。炒制特点是炒揉并举，关键在提毫，即搓团焙干工序。

成品碧螺春茶茶叶的外形是条索纤细紧结，卷曲成螺，白毫显露披满茸毛，色泽银绿碧翠相间；冲泡后白云翻滚，雪花飞舞，汤绿水澈，香气清高持久，茶香中带有果香味醇，回味无穷，叶底细匀嫩。

陆羽《茶经》茶产地有"苏州长洲县生洞庭山"。相传，洞庭东山碧螺峰，石壁长出几株野茶，特别茂盛，农家少妇争相采摘，竹筐装不下，只好放在怀中，鲜叶受到怀中热气熏蒸，奇异香气忽发，茶人惊呼"吓煞人香"，此茶由此得名。有一次，清朝康熙皇帝游览太湖，巡抚宋公进"吓煞人香"茶，康熙品尝后觉香味俱佳，但觉名称不雅，遂赐名为"碧螺春"。

冲泡碧螺春时，茶水比1：60，投茶量3克，水180克；泡茶具宜用玻璃杯；适宜用开水100度小量倒入温杯预热后倒去水，然后倒入五分之三的摄氏80度的热水，这时才投入碧螺春茶叶，再注入热水至五分之四。苏州有句民谚"冷水泡茶慢慢浓"。

图片来源：《中国茶谱》

2018 年 3 月 22 日

农历戊戌年 · 二月初六

星期四

三月二十二日

 今日记录

洞庭春

洞庭春，绿茶类，产于湖南岳阳县黄沙街茶叶示范场，创制于 1984 年。

春分后 1~7 天开始采摘，清明后 5 天左右结束。选用鲜叶标准是：高档的要求 1 芽 1 叶初展（俗称一把瓢），中档为 1 芽 1 叶开展和 1 芽 2 叶初展。采摘时严格要求"八不采"、"三不带"和"五分开"。八不采为：不采风伤叶、虫伤叶、病害叶、开口叶、空心叶、细瘦芽叶、红紫叶、雨水叶；三不带是：不带老叶、不带鱼叶、不带蒂把；五分开是：不同品种分开，不同地块分开，不同树龄分开，芽叶大小不同分开，上午 10 点前采的和以后采的分开。要求芽叶嫩、匀、鲜、净、随采随送工厂。

制茶工艺工序是摊放、杀青、清风（摊晾）、揉捻、做条、提毫、摊凉、烘焙、贮藏。

成品洞庭春茶叶的外形是条索紧结微曲，肥壮匀齐，白毫满披；内质香气鲜浓持久，滋味醇厚鲜爽，汤色清澈明净；叶底嫩绿、明亮。

冲泡洞庭春时，茶与水的比例为 1：60，投茶量 3 克，水 180 克（水 180 毫升）；适宜用水开沸点，静候待水温降至摄氏 80 度（℃）时冲泡茶叶。冲泡中档（为 1 芽 1 叶开展和 1 芽 2 叶初展）洞庭春，则应掌握水温降至摄氏 85 度(℃)时冲泡茶叶。

图片来源:《中国茶谱》

吃茶去

吃茶去，是很普通的一句话，但在佛教界，却是一句禅林法语。

唐代赵州观音寺高僧从谂禅师，人称"赵州古佛"，享誉南北禅林并称"南有雪峰，北有赵州""赵州眼光烁破天下"。他喜爱茶饮，也喜欢用茶作为机锋语。

据明代瞿汝稷《指月录》载："有僧到赵州，从谂禅师问'新近曾到此间么？'曰：'曾到'，师曰：'吃茶去'。后院主问曰'为甚么曾到也云吃茶去，不曾到也云吃茶去？'师召院主，主应喏，师曰：'吃茶去'"。

"吃茶去"，是一句极平常的话，禅宗讲究顿悟，认为何时何地何物都能悟道，极平常的事物中蕴藏着真谛。茶对僧人来说，是每天必饮的日常饮品，因而，从谂禅师以"吃茶去"作为悟道的机锋语，对僧人来说，既平常又深奥，能否觉悟，则靠自己的灵性了。

SATURDAY. MAR 24, 2018

2018 年 3 月 24 日

农历戊戌年·二月初八

 今日记录

茶谚·嫩叶老杀，老叶嫩杀

"嫩叶老杀，老叶嫩杀"是"炒青法"茶叶制作过程"杀青"环节的茶谚语。杀青，是绿茶、黄茶、黑茶、乌龙茶、普洱茶、部分红茶等的初制工序之一。主要目的是通过高温破坏和钝化鲜叶中的氧化酶活性，抑制鲜叶中的茶多酚等的酶促氧化，蒸发鲜叶部分水分，防止叶子变红，使茶叶变软，便于揉捻成形，同时散发青臭味，促进良好香气的形成。

"嫩叶老杀，老叶嫩杀"是制茶"杀青"的要领，是因为嫩叶中的水分含量相对较多，老叶中的茶叶内质积累丰富，所以杀青时"嫩叶老杀"能充分蒸干水分，"老叶嫩杀"是为了保证茶味鲜爽，不会因杀青太老导致茶味变苦。嫩叶含水率高、酶活性强、纤维素含量低，要领是"老杀"。"老杀"杀青的时间长些、脱水程度重些、杀青叶使含水量控制低些，利于保持叶色和做形。老叶含水率低，杀青的要领应与"老杀"相反，称为"老叶嫩杀"，以利于成条和减少碎末茶。

SUNDAY. MAR 25, 2018

2018 年 3 月 25 日

农历戊戌年 · 二月初九

 今日记录

采花毛尖

采花毛尖，绿茶类，产于湖北省五峰土家族自治县采花乡，创制于 1991 年。陆羽《茶经》记载："峡州山南出好茶"即指今五峰土家族自治县地域。

采花毛尖茶原料为福鼎大白茶及本地良种，一般在清明前 10 天开始采摘。选用鲜叶标准：极品鲜叶原料为长 2.5 厘米（cm）单芽，单芽无露水、无紫色、无空心、无冻伤、无虫害的；特级鲜叶原料为 1 芽 1 叶初展；一级鲜叶原料为 1 芽 1 叶；二级鲜叶原料为 1 芽 2 叶初展。

制茶工艺工序是鲜叶在竹席上摊放 6~8 小时后，杀青、摊凉、揉捻、毛火、摊凉、整形、摊凉、足干、提香。

成品采花毛尖茶叶的外形是形紧、细、秀，显毫不露，色泽深绿油润；内质嫩香持久，滋味清新鲜爽回甘；汤色嫩绿清澈明亮；叶底嫩绿，匀齐。

冲泡采花毛尖时，茶与水的比例为 1：60，投茶量 3克，水 180 克（水 180 毫升）；适宜用开水，静候待水温降至摄氏 80 度（℃）左右时冲泡茶叶。

图片来源：《中国茶谱》

星期一

 今日记录

苍山雪绿

苍山雪绿，绿茶类，产于云南省大理市郊的苍山，创制于 1964 年。此茶因茶身绿而白毫似雪得名。

苍山雪绿是采用种植在苍山山麓的云南双江曲库良种为原料，该种芽叶肥嫩，叶质柔软，持嫩性强，茸毛特多，富含茶多酚与氨基酸等成分。

清明前采摘。选用鲜叶标准是 1 芽 2 叶初展。选摘优质鲜叶，采用传统的烘青毛峰制法精制而成。

制茶工艺工序是杀青、揉捻、做形、烘干、筛拣、复火等。

成品苍山雪绿茶叶的外形是壮结匀齐，尚有苗峰，色泽绿润显毫；内质香气馥郁鲜爽，栗香持久；汤色绿黄明亮，滋味鲜爽回甘；叶底黄绿、嫩匀。

冲泡苍山雪绿时，茶与水的比例为 1∶50，投茶量 3 克，水 150 克（水 150 毫升）；主要泡茶具首选"三才碗"（盖碗），也可用玻璃杯；适宜用开水，静候待水温降至摄氏 85 度（℃）时冲泡茶叶。

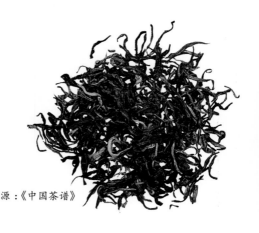

图片来源：《中国茶谱》

TUESDAY. MAR 27, 2018

2018 年 3 月 27 日

农历戊戌年·二月十一

星期二

 今日记录

荔枝红茶

荔枝红茶，属再加工茶的花茶，产于广东，为新创名茶，创制于20世纪50年代。

选用优良品种荔枝果汁和优质红茶采用科学方法和特殊工艺技术，促使优质红条茶吸取荔枝果汁液的香味，制成荔枝红茶成品。

成品荔枝红茶茶叶的外形条索紧结细直，色泽乌润，内质香气芬芳，滋味鲜爽香甜，汤色红亮，有荔枝风味。

冲泡荔枝红茶时，茶与水的比例为1：35，投茶量4克，水140克(水140毫升)；主要泡茶具首选"三才碗"（温杯，摇香，顺茶碗边缘缓缓注水后，加茶盖），也可用无色透明玻璃杯（采用下投法，先注水五分之一的开水，而后投入茶叶，半分钟后加至杯的五分之四，加用盖）；适宜用水开沸点，静候待水温降至摄氏85度（℃）时才用于泡茶叶。

图片来源：《中国茶谱》

WEDNESDAY. MAR 28, 2018

2018 年 3 月 28 日

农历戊戌年 · 二月十二

星期三

 今日记录

宋 饮茶图 团扇绢本设色（宋）佚名

宋 饮茶图 团扇绢本设色（宋）佚名 纵35.8厘米 横
35.9厘米（美）弗利尔美术馆藏

图中画一位侍女双手捧茶盘，一位妇人伸手盘中拿茶
具。右边一位贵妇人面向她们而立，仪态端庄娴静。
后随侍女双手捧一锦盒。画风承唐代，典雅浓丽。旧
题南唐周文矩画，然观其时代气息，应为宋人所作。

星期四

 今日记录

都匀毛尖

都匀毛尖，绿茶类，产于黔南布依族自治州州府都匀一带。创制于明清年间，1968 年恢复生产，为历史名茶。据传都匀毛尖在明代已作为"贡茶"。

清明前 3~5 日采摘第一批为上品。都匀毛尖选用当地的苔茶良种，具有发芽早、芽叶肥壮、茸毛多、持嫩性强、内含物成分丰富的特性。选用鲜叶标准是 1 芽 1 叶初展。通常炒制 1 斤（500 克）高级毛尖茶，约需 5.3~5.6 万个芽头。

制茶工艺工序是杀青、锅揉、搓团提毫、焙干。

成品都匀毛尖茶叶的特点是"三绿透三黄"，即干茶色泽绿中带黄，汤色绿中透黄，叶底绿中显黄。外形条索紧卷似螺，绿润显毫，色泽隐绿，外形匀整；汤色黄绿清澈，香气中带的嫩香清纯高长，滋味鲜醇回甜；叶底黄绿、明亮。

冲泡都匀毛尖时，茶与水的比例为 1∶60，投茶量 3 克，水 180 克（水 180 毫升）；主要泡茶具首选玻璃杯，也可用"三才碗"（盖碗）；适宜用开水，静候待水温降至摄氏 80 度（℃）时冲泡茶叶。

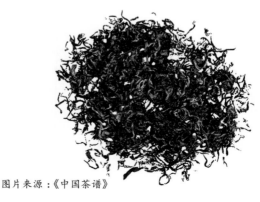

图片来源：《中国茶谱》

三月三十日

大悟寿眉

大悟寿眉，绿茶类，产于湖北省大悟县黄站镇万寿寺茶场，创制于 20 世纪 90 年代。

清明前 5 天开始采摘。选用鲜叶标准是芽 1 叶初展。

制茶工艺工序是摊青、杀青、摊凉、理条、整形、烘干。

成品大悟寿眉茶叶的外形是条索略扁直似人眉，色泽翠绿，白毫披露；高秀毫香持久，汤色明亮，清香爽口，叶底嫩绿匀齐。

冲泡大悟寿眉时，茶与水的比例为 1：50，投茶量 3 克，水 150 克（水 150 毫升）；主要泡茶具首选玻璃杯，也可用"三才碗"（盖碗）；适宜用水开沸点，静候待水温降至摄氏 80 度（℃）时冲泡茶叶。

图片来源：《中国茶谱》

SATURDAY. MAR 31，2018

2018 年 3 月 31 日

农历戊戌年·二月十五

 今日记录

蒙山皇茶院遗址

蒙山皇茶院，在蒙顶最高峰——玉女峰之右侧，院小却很神圣，门联"扬子江中水，蒙顶山上茶"，四面围墙，正前方高  台上有猛虎镇院。西汉吴理真（后世尊称为"茶祖"）手植七株茶树，唐朝，唐玄宗亲封此为皇茶院，自此，历代以来，蒙山茶成为贡品。

蒙山，我国有文字记载的人工种茶最早的地方。据史料记载，西汉甘露年间（公元前 53~50 年），县人（县人：古代遂之属官）吴理真在蒙顶山上开始种茶。

茶作为饮品，源于秦汉时期的川蜀之地，后逐渐传播。西汉末年起，为寺僧、皇室和贵族的高级饮料，到三国时，宫廷饮茶成习。唐天宝元年（742 年），蒙顶名茶始被列为贡品。唐至清，蒙顶名茶年年入贡，1200 余年从无间断。蒙顶名茶价格贵。唐代杨烨撰《善夫经手录》记有"束帛不能易一斤先春蒙茶"。宋时，因连年用兵，所需战马，多用茶换取，蒙山茶成为"不得他用，定为永法"的易马专用茶。"扬子江中水，蒙山顶上茶"的千古流唱；唐代白居易"琴里知闻唯渌水，茶中故旧是蒙山"的比拟吟咏；唐代黎阳王入川检贡茶，在蒙山写《蒙山白云岩茶诗》"闻道蒙山风味佳，洞天深处饱烟霞；冰销剪碎先春叶，石髓香粘绝品花。蟹眼不须煎活水，酪奴何敢问新芽；若教陆羽持公论，应是人间第一茶。"的由衷慨叹；宋代文同"蜀地茶称圣，蒙山味独珍"的品茶心得，更是赋予了蒙山茶无与伦比的茶文化底蕴。

SUNDAY. APR 1, 2018

2018 年 4 月 1 日

农历戊戌年·二月十六

星期日

四月一日

 今日记录

辽 壁画 茶作坊图（辽）佚名

辽 壁画 茶作坊图（辽）佚名 河北宣化下八里村 6 号墓
出土

壁画中共有 6 人，一位碾茶，一位煮水，一位点茶。
形象生动，反映了当时的煮茶情景。

星期一

四月二日

雨花茶

雨花茶，绿茶类，产于江苏省南京市中山陵和南京雨花台风景名胜区，创制于1958年。成品茶"形如松针，翠绿挺拔"，以此寓意革命烈士忠贞不屈、万古长青，并定名为"雨花茶"，盼人饮茶思源，表达对雨花台革命烈士的崇敬与怀念。产区已扩大到栖霞、浦口、江宁、江浦、六合、溧水、高淳各区。

清明前约10天开始采摘至清明。选用鲜叶标准是1芽1茶叶半展，当新梢萌发至1芽2~3叶时采下1芽1叶，芽叶长度2~3厘米，不采单片叶、对夹叶、鱼叶、虫伤叶、紫叶、红叶、空心芽。采摘时，提手采摘，即掌心向下，用拇指和食指夹住鲜叶上的嫩茎，向上轻提，芽叶折落掌心，芽叶成朵。鲜叶要轻采轻放，用竹篓盛装，竹筐储运，防止重力挤压。

制茶工艺工序是杀青、揉捻、整形、干燥。

成品雨花茶外形条索犹似松针，细紧圆直，两端略尖，锋苗挺秀，色呈墨绿，白毫隐露；香气浓郁高雅，汤色新绿清澈明亮，滋味鲜爽甘醇，叶底嫩绿匀亮。

冲泡雨花茶时，采用上投泡法为最佳。茶水比为1：50，投茶量3克，水150克；主要泡茶具宜用无色透明玻璃杯、"三才碗"（盖碗）；适宜用开水100度（℃）小量倒入玻璃杯温杯预热后倒去，然后倒入五分之三的摄氏80度（℃）的热水在玻璃杯中，这时才投入雨花茶茶叶，再注入热水至五分之四。如选用"三才碗"（盖碗），则应倒入五分之四的摄氏85度（℃）的热水，投入雨花茶茶叶，不用再注水。

2018 年 4 月 3 日

农历戊戌年 · 二月十八

星期二

 今日记录

茶和中国传统节日·寒食节

清明节气的前一日为寒食节，寒食节是汉族传统节日中唯一以饮食习俗来命名的节日。寒食节是春秋时晋文公为纪念介之推而设的节日，距今已有二千六百多年的历史。这一天，禁烟火，只吃冷食，以寄哀思。文化内含由尊崇先贤介之推忠君爱国，功成身退的奉献精神，清正廉明的政治抱负，隐不违亲的孝道品德，发展为聚民心、凝国魂，体现中华民族根祖文化的重要节日。寒食食品包括寒食粥、寒食面、寒食浆、青精饭及饧（饧：用麦芽或谷芽熬成的饴糖）等；寒食供品有面燕、蛇盘兔、枣饼、细稞、神餤等；饮料有春酒、新茶、清泉甘水等数十种之多。

寒食饮用的茶叶，首先新茶，绿茶特别是蒸青绿茶、白茶特别白毫银针白茶；也可以选用去年的绿茶、白茶白毫银针（不用饼茶）。采用冷泡法泡茶，即：取未开封的新鲜矿泉水一瓶，按照茶叶与水的比例为1：150（约相当于7克茶与100克水），将茶叶投入矿泉水瓶中，盖好放置室内常温下3小时以上可以品饮。掌握在每人饮用量不超过260毫升为宜（500多毫升为一瓶的碳泉水冷泡的茶2人喝）。

WEDNESDAY. APR 4, 2018

2018 年 4 月 4 日

农历戊戌年·二月十九

星期三

 今日记录

茶和中国传统节日·清明节

清明节又叫踏青节，在仲春与暮春之交，也就是冬至后的第108天。是中国传统节日，也是最重要的祭祀节日之一，是祭祖和扫墓的日子。中国汉族传统的清明节大约始于周代，距今已有二千五百多年的历史。习俗扫墓祭祖、踏青郊游、荡秋千、蹴鞠、打马球、插柳等。

清明节祭祖奉茶，为"三茶"（三杯茶水，为采用与寒食节相同的冷泡法泡的茶水），所用茶叶以新开包装茶叶为宜。恭敬撤供之前将"三茶"之茶水，奉洒墓前入土。

清明节饮用的茶，宜选白茶（白毫银针、白牡丹）、绿茶（早春茶）、红茶（武夷山桐木关红茶，早春茶），均采用水开沸点，放置待摄氏90度（℃）时冲泡。

星期四

四月五日 清明

茶和二十四节气时令·清明

"清明"是每年二十四节气中的第5个节气。"清明时节雨纷纷"指的是清明时节江南的气候特色，长江中下游降雨明显增加，华南开始出现较大的降水，这时常常时阴时晴，充沛的雨量满足茶芽茶叶生长的需要。

从春分到清明，是茶叶采摘的最好时间，采摘的茶叶，叫做"明前茶"，从清明往后一周时间内采摘制作的茶叶，被称为"明后茶"。明前茶与明后茶，通常是茶叶的第一次采摘（头采）、第二次采摘（二采），头采与二采的茶叶，可以统称为"早春茶"早春茶好，明前茶尤甚。早春茶，氨基酸的含量非常丰富，茶叶香气清新，滋味鲜爽，水质柔滑，口感与滋味。此时切不可过度施肥催生，避免对土壤环境的破坏，也避免催生的叶芽，茶滋味淡薄，有失早春茶特质。

"清明"节气里，喝什么茶？清明时节，勿大汗，令神气清，更要注意养脏气，养血柔肝，益肾润肺。适宜饮再加工茶（花茶）、绿茶（早春茶）、红茶（早春茶）、白茶（早春茶）。喝适宜口感温度的茶水，避免因饮烫茶或急茶促使大汗淋漓。

FRIDAY. APR 6，2018

2018 年 4 月 6 日

农历戊戌年·二月廿一

星期五

 今日记录

清明茶

"清明茶"是清明时节采制的茶叶嫩芽，新春季上量的第一波茶。春季气温适中，雨量充沛，因而清明茶色泽绿翠，叶质柔软，香高味醇，奇特优雅。

春茶一般指由越冬后茶树第一次萌发的芽叶采制而成的茶叶（约3月下旬萌芽）。但是，按节气分，谷雨、立夏、小满制的茶为春茶；按时间分，4月中下旬至5月下旬采制的为春茶。清明茶属是早春茶。

清明茶之说源于古代祭天祀祖用茶。清代王士禛《陇蜀余闻》记载："每茶时，叶生，智矩寺僧辄报有司往视，籍记其叶之多少，采制才得数钱许。明时贡京师仅一钱有奇。"蒙顶贡茶从唐代至清代，岁岁入宫，年年进贡，以供皇室"清明会"祭天祀祖之用。这种专用茶采自蒙顶山茶祖吴理真种下的七株仙茶。七株仙茶用石栏围起来，辟为"皇茶园"，至今留存。

清明节前一天是寒食节，古人有禁火的习俗，没生火做饭，故称"寒食"，因此，"火前茶"也属是明前茶。清乾隆皇帝《观采茶作歌》有句云："火前嫩，火后老，惟有骑火品最好。"这里诗中的"火"就是指"寒食"禁火的火，但又是借"火"指清明节气，"骑火品"就是清明茶。

 今日记录

惠山茶会图（明）文征明

惠山茶会图（明）文征明　纵21.9厘米，横67厘米　北京故宫博物院收藏

画面描绘了正德十三年（1518年），清明时节，文征明同书画好友蔡羽、汤珍、王守、王宠等游览无锡惠山，饮茶赋诗的情景。半山碧松之阳有两人对说，一少年沿山路而下，茅亭中两人围井阑会就，支茶灶于几旁，一童子在煮茶。画前引首处有蔡羽书的"惠山茶会序"，后纸有蔡明、汤珍、王宠各书记游诗。诗画相应，抒性达意。

星期日

四月八日

长兴紫笋

长兴紫笋，绿茶类，又名湖州紫笋茶、顾渚紫笋茶。产自浙江省长兴县顾渚山区，为历史名茶。

4 月上旬开始采摘。选用鲜叶标准是特级原料为 1 芽 1 叶初展。原料多选用鸠坑种。

制茶工艺包括摊青、杀青、揉捻、烘干。

成品紫笋茶叶的外形是细嫩紧结，芽叶微紫，芽形似笋，色泽绿润；香气清高，（高档茶）还有兰香扑鼻；茶汤清澈，碧绿如茵；滋味鲜醇，甘味生津，叶底芽头肥壮成朵。

紫笋茶名源于陆羽《茶经》："阳崖阴林，紫者上，绿者次；笋者上，芽者次。"

长兴县产茶历史悠久，这里曾于唐代设贡茶院。陆羽《茶经》于湖州问世。长兴茶文化史迹尚存和发掘、恢复和重建的有顾渚山贡茶院、紫笋贡茶摩崖石刻碑林、抒山三癸亭、陆羽墓、皎然塔、韵海楼、青塘别业等。

唐代白居易诗"遥闻境会茶山夜，珠翠歌钟俱绕身。盘下中分两州界，灯前合作一家春。青娥递舞应争妙，紫笋齐尝各斗新"。生动描绘了湖、常两州的太守在境会亭茶会的盛况。

冲泡紫笋茶时，茶与水的比例为 1：60，投茶量 3 克，水 180 克（水 180 毫升）；主要泡茶具首选玻璃杯；适宜用开水，静候待水温降至摄氏 80 度（℃）时冲泡茶叶。

图片来源：《中国茶谱》

MONDAY. APR 9, 2018

2018 年 4 月 9 日

农历戊戌年·二月廿四

星期一

今日记录

西湖龙井

西湖龙井，绿茶类，产于浙江省杭州市西湖西南的秀山峻岭之间，一级产区包括传统的"狮（峰）、龙（井）、云（栖）、虎（跑）、梅（家坞）"五大核心产区，二级产区是除了一级产区外西湖区所产的龙井。"狮"字号为龙井狮峰一带所产，"龙"字号为龙井、翁家山一带所产，"云"字号为云栖、五云山一带所产，"虎"字号为虎跑一带所产，"梅"字号为梅家坞一带所产。唐代陆羽《茶经》中，就有杭州天竺、灵隐二寺产茶的记载。为历史名茶。

3月中下旬开始采摘。采用龙井群体种、龙井43和龙井长叶茶树品种鲜叶为原料，选用鲜叶标准是：特级采1芽1叶初展，一级采1芽1叶至1芽2叶初展（量10%内），二级采1芽1叶至1芽2叶（量30%内），三级采1芽2叶至1芽3叶初展（量30%内），四级采1芽2叶至1芽3叶（量50%内）。西湖龙井在特制的龙井锅中炒制。西湖龙井茶叶以其"色翠、香郁、味醇、形美"四大特点驰名中外。

冲泡西湖龙井时，茶与水的比例为1：60，投茶量3克，水180克（水180毫升）；主要泡茶具首选无色透明玻璃杯（采用下投法，先注水五分之一的开水，而后投入茶叶，摇香，半分钟后加注水至杯的五分之四，加盖），也可用"三才碗"（温杯后投茶叶摇香，顺茶碗边注水后，加茶盖）；适宜用水开沸点，静候待水温降至摄氏85~95度（℃）时才用于泡茶叶。

图片来源：《中国茶谱》

星期二

四月十日

乾隆的《观采茶作歌》

清代乾隆皇帝六次南巡到杭州，曾四度到过西湖茶区。他在西湖狮峰山下胡公庙前饮龙井茶时，赞赏茶叶香清味醇，遂封庙前十八棵茶树为"御茶"，并派专人看管，年年岁岁采制进贡。乾隆皇帝关心"御茶"，也能关心体察茶农。

乾隆十六年，他第一次南巡到杭州，在天竺观看了茶叶采制的过程，颇有感受，写了《观采茶作歌》：火前嫩，火后老，惟有骑火品最好。西湖龙井旧擅名，适来试一观其道。村男接踵下层椒，倾筐雀舌还鹰爪。地炉文火续续添，干釜柔风旋旋炒。慢炒细焙有次第，辛苦工夫殊不少。王肃酪奴惜不知，陆羽茶经太精讨。我虽贡茗未求佳，防微犹恐开奇巧。

诗中描述了茶农采摘，炒制龙井茶的经过，对茶农的"辛苦功夫"有了切身认知，抒发了已享有贡茶，不必再为我采制茶"开奇巧"而劳民伤财的恤民心情。

这诗中的"火"就是指"寒食"禁火的火，但又是借这"火"指清明节气，"骑火品"就是清明茶。

WEDNESDAY. APR 11, 2018

2018 年 4 月 11 日

农历戊戌年 · 二月廿六

 今日记录

安吉白茶

安吉白茶，绿茶类，产于浙江省安吉县，创制于20世纪90年代。

4月上旬至5月初这一特定的时段采摘鲜叶。这期间的叶呈现玉白色，叶脉翠绿色，形如凤羽，远望似雪，近观似兰的特殊性状。采摘标准是1芽2叶初展。

制茶工艺工序摊青、杀青理条、初烘、焙干。

成品安吉白茶茶叶的外形是翠绿鲜活，略带金黄色，细秀、匀整；内质香气清高鲜爽；冲泡后的汤色嫩绿鲜亮，清澈明亮，其香气馥郁，氤氲在杯面，如浮云不散；品饮，鲜爽甘醇，齿颊生香。叶底舒展，张叶玉白，观之如春水浮雪，新秀清润。

冲泡安吉白茶时，茶与水的比例为1∶50，投茶量3克，水150克（水150毫升）；主要泡茶具首选玻璃杯，也可用"三才碗"（盖碗）；适宜水开沸点，静候待水温退至摄氏85度（℃）时冲泡茶叶。

图片来源：《中国茶谱》

THURSDAY. APR 12, 2018

2018 年 4 月 12 日

农历戊戌年·二月廿七

 今日记录

惠明茶

惠明茶，绿茶类，产于浙江省景宁畲族自治县赤木山惠明寺附近，为历史名茶。

清明前至谷雨选采早生、多毫、肥壮的优质良种茶树鲜叶。选用鲜叶标准是1芽1叶至1芽2叶初展。要求大小、长短一致，茶篓洁净、透气，芽头轻放不强压，不采雨水、露水叶，不采紫芽、瘦弱芽、病虫伤损芽，不带鱼片、单片、鳞片及其它夹杂物，当天采当天付制。鲜叶进厂后须置通风、清洁、干燥屋内薄摊，其间要轻翻几次，达到失水均匀，显露清香时方可付制。

制茶工艺工序是杀青、揉捻、初烘、提毫整形、摊凉、炒干等。

成品惠明茶茶叶的外形是条索紧结卷曲，色泽翠绿光润、显毫，嫩香清鲜，带有兰花及水果香气；茶汤清澈明绿，花香幽郁，果味甘爽；叶底绿黄、匀齐。

冲泡惠明茶时，茶与水的比例为1：60，投茶量3克，水180克(水180毫升)；主要泡茶具首选"三才碗"(盖碗)，也可用玻璃杯；适宜用开水达沸点后，静候待水温降至摄氏85度（℃）时，冲泡茶叶。

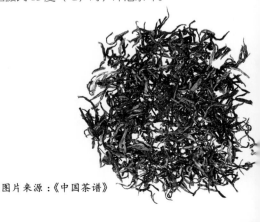

图片来源：《中国茶谱》

FRIDAY. APR 13, 2018

2018 年 4 月 13 日

农历戊戌年·二月廿八

星期五

 今日记录

黄山毛峰

黄山毛峰，绿茶类，主产区位于安徽黄山风景区和黄山市黄山区的汤口、冈村、芳村、三岔、谭家桥、焦村；徽州区的充川、富溪、杨村、洽舍；歙县的大谷运、辣坑、许村、黄村、璜蔚、璜田；休宁县的千金台等地。创制于清末，为历史名茶。

清明前后采摘特级黄山毛峰原料，采摘标准为 1 芽 1 叶初展；谷雨前后采摘 1~3 级黄山毛峰原料，采摘标准分别为 1 芽 1 叶、1 芽 2 叶初展、1 芽 1~3 叶初展。采制黄山毛峰的茶树品种主要为黄山大叶种。

制茶工艺工序是杀青、揉捻、烘焙等工序。

成品特级黄山毛峰茶叶的外形是形似雀舌，匀齐壮实，色如象牙，鱼叶金黄，白毫显露，嫩香带有毫香，清香高长；汤色清澈，滋味鲜浓、醇厚、甘甜；叶底嫩黄，肥壮成朵。其中"金黄片"和"象牙色"是不同于其他毛峰的两大明显特征。

冲泡特级黄山毛峰时，茶与水的比例为 1：50，投茶量 3 克，水 150 克（水 150 毫升）；主要泡茶具首选玻璃杯；适宜用开水，静候待水温降至摄氏 80~90 度（℃）时冲泡茶叶。

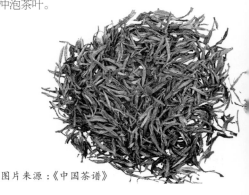

图片来源：《中国茶谱》

SATURDAY. APR 14, 2018

2018 年 4 月 14 日

农历戊戌年·二月廿九

星期六

四月十四日

 今日记录

浮瑶仙芝

浮瑶仙芝，绿茶类，产于江西省浮梁县。1991 年恢复生产，为历史名茶。

谷雨前开始采摘。选用鲜叶标准是 1 芽 1 叶初展的幼嫩芽叶为标准，长约 2.5~3.0 厘米（cm）；要求无花杂叶、雨水叶、病虫叶、对夹叶，芽叶整齐均匀。

制茶工艺工序是摊青、杀青、揉捻、做形、烘焙、复火。土灶柴薪，手工搓揉，精心烘焙，原始土法制作而成。

成品浮瑶仙芝茶叶的外形是条索紧细，白毫微显，色泽翠绿，兰花高香；汤色清亮，清香持久，滋味鲜爽；叶底嫩绿、匀嫩。

冲泡浮瑶仙芝时，茶与水的比例为 1：50，投茶量 3克，水 150 克(水 150 毫升)；主要泡茶具首选"三才碗"（盖碗），也可用玻璃杯；适宜用开水，静候待水温降至摄氏 85 度（℃）时冲泡茶叶。

图片来源：《中国茶谱》

SUNDAY. APR 15, 2018

2018 年 4 月 15 日

农历戊戌年·二月三十

星期日

 今日记录

蔡襄、苏轼二泉斗茶

宋英宗治平二年，踏青时令，蔡襄、苏轼在惠山寺斗茶，主持和尚清月给两人各备有茶灶、银瓶两具、茶碾两副、两盆桑木炭，并且安小沙弥作帮衬。

斗茶开始，俩人分别取过自备茶饼，敲开上碾，把筛的茶末从天平上取下，取入紫盏，此时，小茶灶飙飙，很快东坡壶中水大开，便提壶冲泡，回头看蔡襄，只见他已冲好了望着东坡笑。

清月主持看了看，又闻了闻，回过身在纸上写结果，东坡看蔡襄盏中的茶饽沫银白如雪，而自己盏中则稍偏鹅黄且慢慢消退，而蔡襄的茶饽沫依然如雪，东坡惭愧地说："我输了！"清月刚刚写的正是"东坡输"。

两天中，苏东坡、蔡襄又再斗茶。此次两人的茶饽沫是雪白，无可非议。清月闻到东坡茶中蕴涵着竹香，笑了笑。蔡襄一闻，呵呵一笑："子瞻赢了！只是你把惠山寺中竹叶心拔光了吧？茶味是我输，理让我占了，对吧？"只见清风拿出写好的四句诗："二泉浸竹沥，胜味一筹，短理一段，佳话千秋。"东坡笑道："二泉这么好的水，我琢磨着能否更好一些呢？李坤有'微动竹风涵淅沥，细浮松月透轻明'，王维也有'竹叶滴清馨'之句，于是我作了一番尝试。"蔡襄听了很高兴，写下了："兔毫紫瓯新，蟹眼清泉煮。雪冻作成花，云闲未垂缕。愿尔池中波，化作人间雨。"这首诗前四句蕴涵了茶道、茶性和茶艺以及淡泊功名的道理，后二句寓意做人、写文章应当润物无声。

MONDAY. APR 16, 2018

2018 年 4 月 16 日

农历戊戌年 · 三月初一

星期一

 今日记录

黄山绿牡丹

黄山绿牡丹，绿茶类，产于安徽省黄山市歙县北乡大谷运，创制于 1986 年。

清明后、谷雨前采摘。选用鲜叶标准是是 1 芽 2 叶初展。要求"三定六不采"，定高山名镜（名镜，这里的意思是特定海拔高度、特定产茶地块：大谷运乡的岱岭一带岱岭茶园分布在海拔 500~700 米的深山幽谷之中的清明后谷雨前的叶芽），定不施化肥、农药，定滴水香优良品种；伤病叶不采、对夹叶鱼叶不采、雨水叶不采、紫叶不采、瘦弱叶不采、不符合标准的不采。

制茶工艺工序是鲜叶杀青兼揉捻、初烘理条、选芽装筒、定型烘焙和足干贮藏等。

成品（上等）黄山绿牡丹茶的外形是呈花朵状，如墨绿色菊花，一芽一叶初展，花瓣排列匀齐，圆而扁平，白毫显露，峰苗完整，色泽黄绿隐翠，毫香带着果香；冲泡后，一股熟板栗香气扑鼻而来，香气馥郁持久，杯中花茶或悬或沉，茶尖茶芽徐徐舒展，犹如一朵盛开的绿色牡丹；汤色黄绿明亮，滋味醇厚带甘，叶底成朵，黄绿鲜活。

冲泡黄山绿牡丹时，采用中投泡法为最佳。茶与水的比例为 1：60，投茶量 3 克，水 180 克（水 180 毫升）；主要泡茶具宜用玻璃杯；适宜用开水 100 度（℃）小量倒入玻璃杯温杯预热后倒去，然后倒入四分之一的热水在玻璃杯中，这时才投入黄山绿牡丹茶叶，达到茶叶均浸润后，再注入热水至五分之四。

图片来源：《中国茶谱》

TUESDAY. APR 17, 2018

2018 年 4 月 17 日

农历戊戌年·三月初二

星期二

 今日记录

雨前茶

"雨前茶"，即谷雨前（4月5日以后至4月20日左右）采制用细嫩芽尖制成的茶叶称雨前茶。雨前  茶虽不及明前茶（清明前采摘的茶）那么细嫩，但由于这时气温回暖趋高，芽叶生长相对较快，积累的内含物也较丰富，因此，雨前茶滋味鲜浓而耐泡。

明代许次纾《茶疏》中谈到采茶时节时说："清明太早，立夏太迟，谷雨前后，其时适中"。清明后，谷雨前，正是江南茶区的大宗炒青绿茶，最适宜的采制时节。

春茶，泛指春季和立夏、小满节气里采制的茶叶，用春季和立夏、小满节气里采制的茶叶沏泡的茶（水、汤）。我国绝大部分产茶地区，茶树生长和茶叶采制是有季节性的。春茶一般指由越冬后茶树第一次萌发的芽叶采制而成的茶叶（约3月下旬萌芽）。但是，按节气分，谷雨、立夏、小满采制的茶为春茶；按时间分，4月中下旬至5月下旬采制的为春茶。在4月上旬及之前采制的茶属是早春茶。

春茶的特征：干看（冲泡前）成品茶的特征：凡红茶、绿茶条索紧结，珠茶颗粒圆紧；红茶色泽乌润，绿茶色泽绿润；茶叶肥壮重实，或有较多毫毛；且又香气馥郁。湿看（冲泡后）成品茶的特征：冲泡时茶叶下沉较快，香气浓烈持久，滋味醇厚；绿茶汤色绿中透黄，红茶汤色红艳显金圈；茶底柔软厚实，正常芽叶多；叶张脉络细密，叶缘锯齿不明显。

WEDNESDAY. APR 18, 2018

2018 年 4 月 18 日

农历戊戌年 · 三月初三

星期三

 今日记录

龟山岩绿

龟山岩绿，绿茶类，产于湖北省黄冈市麻城市龟峰山一带，为历史名茶。唐代陆羽《茶经》中都有记载，黄州山谷茶生麻城县。黄州，今湖北黄冈一带。龟山岩绿史称龟山云雾茶，龟山岩绿系1959年在龟山云雾茶的基础上改革工艺发展而来。

清明前至谷雨前后约20天，为龟山岩绿原料采摘时间。选用鲜叶标准是1芽1叶初展。要求保证嫩度、匀度、净度，做到不采雨水叶，不采紫色叶，不采对夹叶，不采虫吃叶。鲜叶采回后及时上入竹匾中摊放3~4小时，视天气情况而定，阴天适当多摊，使鲜叶散去部分水分和青草气，待有幽幽花香气散出即可付制。

制茶工艺工序是摊青、杀青、揉捻、初烘、整形、足干、割末、包装等。

成品龟山岩绿茶叶的外形是条索紧细圆直，锋毫显露，色泽较翠绿，香气清高持久；汤色黄绿明亮，极耐冲泡，滋味醇厚回甜；叶底黄绿嫩匀。

冲泡龟山岩绿时，茶与水的比例为1：60，投茶量3克，水180克（水180毫升）；主要泡茶具首选"三才碗"（盖碗），也可用玻璃杯；适宜用开水，静候待水温降至摄氏80度（℃）时冲泡茶叶。

图片来源：《中国茶谱》

THURSDAY. APR 19, 2018

2018 年 4 月 19 日

农历戊戌年 · 三月初四

星期四

四月十九日

 今日记录

茶和二十四节气时令·谷雨

"谷雨"是每年二十四节气中的第6个节气，也是春季最后一个节气。谷雨节气时降雨增多，利于谷物生长，谷雨有"雨水生百谷"的意思。

在谷雨前一周采制的茶叶，被称为"雨前茶"，谷雨之后一周采制的茶叶，被称为"雨后茶"。雨前茶与雨后茶，通常是茶叶的第三次采摘（三采）、第四次采摘（四采），三采与四采的茶叶，可以统称为"正春茶"。再往后约一周，在立夏前采制的茶叶，是春茶的第五次采摘（五采）时间。此时采制的茶叶，可以被称为"晚春茶"。

"谷雨"节气里，喝什么茶？谷雨处于春夏之交，此时气温、湿度变化大。要注意寒热调节，避免湿气，喜悦养心，舒展养肝，安眠养肾。适宜饮新茶绿茶、新茶红茶、新茶白茶、黄茶、茉莉花茶、乌龙茶（水仙，上年的茶）。注意饮茶避免大热大凉，晚间不喝茶。

全民饮茶日·颂茶·浇灌

FRIDAY. APR 20, 2018

2018 年 4 月 20 日

农历戊戌年·三月初五

星期五

今日记录

谷雨茶

古诗有"诗写梅花月，茶煎谷雨春。""二月山家谷雨天，半坡芳茗露华鲜。"谷雨是春天最后一个节气，谷雨茶是谷雨时节（立夏前）采制的春茶，又叫二春茶。春季温度适中，雨量充沛，加上茶树经半年冬季的休养生息，使得春梢芽叶肥硕，色泽翠绿，叶质柔软，富含多种成分，使春茶滋味鲜活，香气怡人。这时节，江南茶区万里碧绿，千里飘香，一派生机勃勃的景象，也正是采茶、收茶、制茶的重要阶段。

春茶，泛指春季和立夏、小满节气里采制的茶叶，用春季和立夏、小满节气里采制的茶叶沏泡的茶（水、汤）。我国绝大部分产茶地区，茶树生长和茶叶采制是有季节性的。春茶一般指由越冬后茶树第一次萌发的芽叶采制而成的茶叶（约3月下旬萌芽）。但是，按节气分，谷雨、立夏、小满采制的茶为春茶；按时间分，4月中下旬至5月下旬采制的为春茶。

谷雨茶有嫩芽制作的茶，还有一芽一嫩叶或一芽两嫩叶的茶。一芽一嫩叶的茶叶，泡在水里像古代兵器枪和旌旗林立，被称为旗枪；一芽两嫩叶的茶是三春茶，像雀鸟的舌头，被称为雀舌。与清明茶"莲心"同为一年之中的佳品。

SATURDAY. APR 21, 2018

2018 年 4 月 21 日

农历戊戌年 · 三月初六

星期六

 今日记录

径山茶

径山茶，绿茶类，产于浙江省杭州市的余杭市径山，为恢复的历史名茶。

清明后谷雨前采摘。选用鲜叶标准是 1 芽 1 叶或 1 芽 2 叶初展。一般只采春茶，大多发芽早的无性系良种早在谷雨节气前，采摘就结束，这一时段气温较低，湿度大，茶山中云雾多，茶叶生长缓慢、均匀，芽叶细嫩、整齐。谷雨节气后也采一部分径山茶，但一般在 4 月底结束。

制茶工艺工序是小锅杀青，扇风摊凉，轻轻解块，初烘摊凉，文火烘干。

径山茶多数为谷雨前茶。成品径山茶茶叶的外形是条索纤细稍卷曲，芽锋显露略带白毫，色泽绿翠；内质嫩香持久；茶汤呈鲜明绿色，口感鲜爽回甘。叶底细嫩成朵且嫩绿明亮。

冲泡径山茶时，茶与水的比例为 1∶50，投茶量 3 克，水 150 克(水 150 毫升)；主要泡茶具首选"三才碗"(盖碗)，也可用玻璃杯；适宜用开水，静候待水温降至摄氏 85 度 (℃) 时冲泡茶叶。也可用上投法冲泡径山茶。

陆羽曾在径山植茶、制茶、研茶，写《茶经》。径山万寿禅寺建寺以来饮茶之风甚盛，唐宋时代佛教《百丈清规》《禅苑清规》，将僧侣的饮茶列入日常行为，并规定一种仪式，称为茶礼，并加以提炼以宴请上宾，成为茶宴，这就是著名的"径山茶宴"。

图片来源：《中国茶谱》

SUNDAY. APR 22, 2018

2018 年 4 月 22 日

农历戊戌年·三月初七

星期日

四月二十二日

 今日记录

缙云毛峰

缙云毛峰，绿茶类，产于重庆北碚区的缙云山，创制于 1982 年。

4 月上旬前采摘。选用鲜叶标准是福鼎大白茶无性系良种茶树的 1 芽 1 叶初展幼嫩鲜叶。

制茶工艺工序是摊放、杀青、摊凉、初揉、初烘、炒、复揉、二烘、提香。

成品缙云毛峰茶叶的外形是条索匀齐肥壮、色泽绿润，显毫；栗香馥郁持久，汤色黄绿清澈，滋味浓醇爽口，叶底黄绿匀亮。

冲泡缙云毛峰时，茶与水的比例为 1∶50，投茶量 3 克，水 150 克(水 150 毫升)；主要泡茶具首选"三才碗"(盖碗)，也可用玻璃杯；适宜用开水，静候待水温降至摄氏 80 度（℃）时冲泡茶叶。

图片来源：《中国茶谱》

MONDAY. APR 23, 2018

2018 年 4 月 23 日

农历戊戌年·三月初八

今日记录

范仲淹的《斗茶歌》

宋代人范仲淹，字希文，政治家、文学家。他写的《和章岷从事斗茶歌》，脍炙人口，写出宋代武夷山斗茶的盛况，展现文人雅士、朝廷命官，在闲适的生活中，喜闻乐见的一种高雅品茗方式。其诗为："年年春自东南来，建溪先暖冰微开。溪边奇茗冠天下，武夷仙人从古栽。新雷昨夜发何处，家家嬉笑穿云去。露芽错落一番荣，缀玉含珠散嘉树。终朝采掇未盈襜，唯求精粹不敢贪。研膏焙乳有雅制，方中圭兮圆中蟾。北苑将期献天子，林下雄豪先斗美。鼎磨云外首山铜，瓶携江上中泠水。黄金碾畔绿尘飞，碧玉瓯中翠涛起。斗茶味兮轻醍醐，斗茶香兮薄兰芷。其间品第胡能欺，十目视而十手指。胜若登仙不可攀，输同降将无穷耻。吁嗟天产石上英，论功不愧阶前蓂。众人之浊我可清，千日之醉我可醒。屈原试与招魂魄，刘伶却得闻雷霆。卢仝敢不歌，陆羽须作经。森然万象中，焉知无茶星。商山丈人休茹芝，首阳先生休采薇。长安酒价减百万，成都药市无光辉。不如仙山一啜好，泠然便欲乘风飞。君莫羡，花间女郎只斗草，赢得珠玑满斗归？"

 今日记录

江山绿牡丹

江山绿牡丹，绿茶类，最初的名字叫做仙霞茶，产于浙江省江山县，1980年恢复创制。

3月中旬开始采摘，谷雨后结束。江山绿牡丹茶原料取于当地中、小叶群体种茶树鲜叶，选用鲜叶标准是1芽1叶至1芽2叶初展，且芽的长度比叶长。要求早采嫩摘，坚持雨露叶不采、瘦小叶不采、病虫叶不采，紫色叶不采。

制茶工艺工序是摊放、杀青、轻揉、理条、轻复揉、初烘和复烘等。

成品江山绿牡丹茶叶的外形是条尚直似花朵，形态自然、白毫显露、色泽翠绿、鲜活；内质香气清高持久，滋味鲜醇爽口，汤色碧绿清澈明亮；叶底芽叶成朵，嫩绿明亮。

冲泡江山绿牡丹时，采用中投泡法为最佳。茶与水的比例为1：60，投茶量3克，水180克（水180毫升）；主要泡茶具宜用玻璃杯；适宜用开水100度（℃）小量倒入玻璃杯温杯预热后倒去，然后倒入四分之一的热水在玻璃杯中，这时才投入江山绿牡丹茶叶，达到茶叶均浸润后，再注入热水至五分之四。

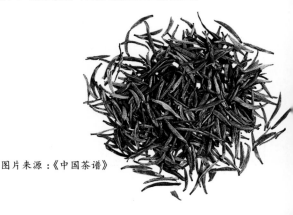

图片来源：《中国茶谱》

WEDNESDAY. APR 25, 2018

2018 年 4 月 25 日

农历戊戌年 · 三月初十

星期三

 今日记录

望江南·超然台作

（宋）苏轼

春未老，风细柳斜斜。

试上超然台上看，

半壕春水一城花。

烟雨暗千家。

寒食后，酒醒却咨嗟。

休对故人思故国，

且将新火试新茶。

诗酒趁年华。

这首词以清明时分登台游春起笔，勾画了一幅细风斜柳、春水鲜花、烟雨下路上人群涌动的景象。登上超然台远眺，护城河里春水漾漾，城内满目鲜花，烟雨下涌动的人群一家又一家。寒食节后醒悟寻思，故乡、故友，新的人生旅途何在？面对故友，面对往事，还是不要去回首，也不必纠结心间。如同重新生火品尝刚焙制的春茶一般，吟诗创意，奋力有所作为吧！趁着大好时光、时机和年富力强。一句"且将新火试新茶"，诗人借它作为点眼之笔，抒发了"游于物外"的超然心境，表达以乐观豁达的人生态度消除心中郁闷的取向。

THURSDAY. APR 26, 2018

2018 年 4 月 26 日

农历戊戌年·三月十一

星期四

 今日记录

老竹大方

老竹大方，绿茶类，产于安徽省黄山市歙县老竹铺、三阳坑、金川一带，历史上称为竹铺大方、拷方和竹叶大方，为历史名茶。老竹大方由大方和尚于明隆庆年间（1567~1572）在歙县南乡老竹铺创制，故取名老竹大方。

谷雨前采摘"顶谷大方"原料鲜叶，选用鲜叶标准是1芽2叶初展新梢，长度约3厘米（cm）左右，每斤鲜叶约有3000~4000个芽头；谷雨到立夏之间采摘一般大方的原料鲜叶，选用鲜叶标准是1芽2~3叶。鲜叶加工前要进行选剔和薄摊。

制茶工艺工序是手工杀青、做坯、整形、辉锅等。

成品老竹大方茶叶的外形是形似竹叶、扁伏匀齐、挺秀光滑，色泽墨绿微黄，芽藏不露，披满金色茸毫；汤色清澈微黄，香气高长有板栗香，滋味浓醇爽口；叶底嫩匀、芽显、叶肥壮。老竹大方外形老竹大方茶外形和品质特征都与龙井茶极为相似。

冲泡老竹大方时，茶与水的比例为1：60，投茶量3克，水180克（水180毫升）；主要泡茶具首选"三才碗"（盖碗），也可用玻璃杯；冲泡"顶谷大方"茶的适宜是开水，静候待水温降至摄氏80~85度（℃）时冲泡茶叶；冲泡一般大方茶的适宜是开水，静候待水温降至摄氏90度（℃）时冲泡茶叶。

图片来源：《中国茶谱》

FRIDAY. APR 27, 2018

2018 年 4 月 27 日

农历戊戌年·三月十二

星期五

今日记录

采茶诗

(明) 高启

雷过溪山碧云暖，幽丛半吐枪旗短。

银钗女儿相应歌，筐中搞得谁最多？

归来清香犹在手，高品先将呈太守。

竹炉新焙未得尝，笼盛贩与湖南商。

山家不解种禾黍，衣食年年在春雨。

这首诗浅显通俗，咏采茶女劳动情景及茶农生活。采茶姑娘们一边唱歌，一边进行采茶比赛。这些山村人家以茶为生计，制成的茶叶要分级，最好的献给官府，一般的卖给商人，而采茶人自己却舍不得尝新。诗中寄寓了诗人对茶农深深的同情。在民间，勤劳的茶农则在辛苦耕耘之后，以唱歌唱戏的方式来解除疲乏，久而久之，采茶诗、采茶歌便成为了当地民俗的一部分。

 今日记录

九华佛茶

九华佛茶，又名九华毛峰、黄石溪毛峰，绿茶类。产于佛教名山九华山所在地的安徽省池州市，为历史名茶。

4月中下旬进行采摘。选用鲜叶标准是1芽2叶初展，要求无表面水，无鱼叶、茶果等杂质；采摘后按叶片老嫩程度和采摘先后顺序摊放待制。

制茶工艺工序在制作加工上既秉承金地源茶、九华毛峰的传统工艺，又推陈出新，严格按标准化组织生产。工艺工序是鲜叶采摘、摊青、杀青、摊凉、做形、烘干、拣剔、包装。其独特之处是做形，利用理条机分二次理条，期间摊凉加压，手工压扁，理条机理直，达到九华佛茶独特外形。

成品九华佛茶茶叶的外形是扁直呈佛手状，色泽深绿，白毫显露；香气高香持久，冲泡杯中汤色明澈，宛若兰花绽放，风韵别致，滋味清醇；叶底黄绿、芽匀绽放。

冲泡九华佛茶时，茶与水的比例为1∶60，投茶量3克，水180克（水180毫升）；主要泡茶具首选"三才碗"（盖碗），也可用玻璃杯；适宜用开水，静候待水温降至摄氏85度（℃）时冲泡茶叶。

九华山历代名茶辈出，自唐至今闻名于世的茶叶有金地茶、天台云雾、九华龙芽、九华毛峰黄石摸毛峰等。九华山最早的茶叶为"金地源茶"又名"金地茶"，相传是地藏菩萨亲手种植。唐代以来，金地茶一直是寺庙特产，民间俗称佛茶。

图片来源：《中国茶谱》

SUNDAY. APR 29, 2018

2018 年 4 月 29 日

农历戊戌年·三月十四

星期日

四月二十九日

 今日记录

浪伏金毫

浪伏金毫，红茶类，产于广西自治区凌云县沙里瑶族乡，为创新名茶。

春茶季采摘。采用凌云白毛茶品种茶树鲜叶为原料，选用鲜叶的标准是 1 芽 1 叶。要求雨天不采，不夹杂老叶、茶梗，鲜叶匀净、新鲜。

制茶工艺工序是萎凋、揉捻、发酵、烘干。

成品浪伏金毫外形条索肥硕紧实，金毫特显；香气浓郁高长，汤色红艳明亮，滋味醇厚鲜爽，叶底红火明亮。

冲泡浪伏金毫时，茶与水的比例为 1∶30，投茶量 5 克，水 150 克（水 150 毫升）；主要泡茶具首选"三才碗"（顺茶碗边缘缓缓注水后，加茶盖），也可用无色透明玻璃杯（采用下投法，先注水五分之一的开水，而后投入茶叶，半分钟后加至杯的五分之四，加用盖）；适宜用水开沸点，静候待水温降至摄氏 85 度（℃）时才用于泡茶叶。出汤在 1~6 秒以内。

南海 CTC 红碎茶

南海 CTC 红碎茶，红茶类，产于海南省安定县，创制于 20 世纪 70 年代中期，采用 CTC 工艺而得名。

一年四季均可采摘。采用云南大叶种和海南当地大叶种茶树鲜叶为原料，选用鲜叶的标准是 1 芽 2 叶、1 芽 3 叶和同等嫩度对夹叶。

制茶工艺工序是萎凋、揉切、发酵、烘干、拣梗。

成品南海 CTC 红碎茶外形条颗粒均匀，色泽乌润，香气高锐持久；汤色红艳明亮、金圈明显，，滋味鲜爽浓厚强烈，叶底红艳。

冲泡南海 CTC 红碎茶时，茶与水的比例为 1∶30，投茶量 5 克，水 150 克（水 150 毫升）；主要泡茶具首选"三才碗"（顺茶碗边缘缓缓注水后，加茶盖），也可用无色透明玻璃杯（采用下投法，先注水五分之一的开水，而后投入茶叶，半分钟后加至杯的五分之四，加用盖）；适宜用水开沸点，静候待水温降至摄氏 80 度（℃）时才用于泡茶叶。出汤在 1~6 秒以内。

图片来源：《中国茶谱》

TUESDAY. MAY 1, 2018

2018 年 5 月 1 日

农历戊戌年·三月十六

星期二

 今日记录

卢仝烹茶图（南宋）刘松年

卢仝烹茶图（南宋）刘松年

该画生动地描绘了南宋时的烹茶情景，画面上山石瘦削，松槐交错，枝叶繁茂，下覆茅屋。卢仝拥书而坐，赤脚女婢置茶具，长须肩壶汲泉。

WEDNESDAY. MAY 2, 2018

2018 年 5 月 2 日

农历戊戌年·三月十七

星期三

五月二日

今日记录

霍山黄芽

霍山黄芽，黄茶类，产于安徽省霍山县。源于唐代，兴于明清，为历史名茶。

谷雨前5天左右开始采摘，至立夏结束。霍山黄芽以当地群体种茶树鲜叶为原料，选用鲜叶标准是1芽1叶到1芽2叶。采摘手法采用折采，总体要求幼嫩匀净（幼嫩即采摘偏嫩芽叶，匀净即匀齐一致），不带其他杂质，使外形整齐美观，达到形状、大小、色泽一致。采摘时严格进行拣剔，并做到"四不采"，即无芽不采，虫芽不采、霜冻芽不采、紫芽不采。

霍山黄芽制茶工艺工序，历史上依循黄茶的加工工艺，其工艺流程为杀青，摊放闷堆约24小时，再毛火。然后再摊放闷堆约24小时，最后足火干燥。

成品霍山黄芽茶叶的外形是条直微展，匀齐成朵，形似雀舌，嫩黄披毫，香气清香持久，滋味鲜醇浓厚回甘，汤色黄绿清澈明亮，叶底嫩黄明亮。具有"黄叶黄汤"的黄茶品质特征。

冲泡霍山黄芽时，茶与水的比例为1∶50，投茶量3克，水150克（水150毫升）；主要泡茶具宜用无色透明玻璃杯；适宜用武火急煮沸开的水，静候待水温降至摄氏85度（℃）时冲泡茶叶。

图片来源:《中国茶谱》

THURSDAY. MAY 3, 2018

2018 年 5 月 3 日

农历戊戌年 · 三月十八

今日记录

茶谚·茶瓶用瓦，如乘折脚骏登高

最早的茶谚，文字记载见于唐代苏广的《十六汤品》，其中有谚曰："茶瓶用瓦，如乘折脚骏登高。"

这里的"瓦"是粗陶材质，无釉之瓦，透气性过于强，易渗水又有土沁味。用此材质制作存放茶叶的瓶罐，茶叶容易受潮，造成茶叶变质。骏：品质拔尖的马。

这一条茶谚指："茶瓶用瓦"来存放茶叶，容易受潮，造成茶叶变质。就像乘骑着品质拔尖但是跛脚的马去登山一样，空有了很好的主物体原生好品（本）质，也没能达到希望的效果，甚至会有危害。

注：《十六汤品》，亦称《十六汤》、《汤品》。书中在"掌握茶的生杀予夺大权的是汤（开水）"这一认识的基础上，评论了冷热程度不同的汤 3 种、注水时缓急程度不同的汤 3 种、用不同茶具盛装的汤 5 种、用不同薪柴加热的汤 5 种，共计 16 种汤的得失。

 今日记录

茶和二十四节气时令·立夏

"立夏"是每年二十四节气中的第7个节气，这个节气预示着季节的转换，夏季开端的日子。"立夏"在二十四节气解作"宽作万物，使生长也"。立夏前后，我国只有福州及岭南地区进入物候学上真正的夏季。

立夏时节，中国的南方大部份地区开始进入雨季，气温升高，雨量增大，植物的生长日渐旺盛。茶树生长发育加快，茶叶较易老化，此时节进行采茶的很少。同时，茶园的杂草生长也是极其旺盛，勿用除草剂，锄草的工作量极大，农谚有"（立夏）一天不锄草，三天锄不尽"。加之，病虫害进入高发期，需要做好病虫害防护，应严格依国家标准，限制使用农药。

"立夏"节气里，喝什么茶？立夏时节，暑易入心，勿大怒、大汗，应定心气。宜到茶山茶园，借大自然之景气达到神清气和、心情愉快。适宜饮绿茶、红茶、白茶、黄茶、乌龙茶（武夷岩茶，上年的茶）。

SATURDAY. MAY 5, 2018

2018 年 5 月 5 日

农历戊戌年·三月二十

星期六

五月五日 立夏

今日记录

立夏茶

立夏至小满前采摘
的茶叶为立夏茶。

立夏后，气温大幅
度提高，茶树也进
入了旺盛的生长期。
江南茶区迎来梅雨

季节，雨量和降雨频率均明显增多。立夏，阳气由
"生"向"长"的转化，草木的叶子舒展长肥，茶叶
的香味渐浓。

"立夏茶"又指：立夏这天喝茶的民俗活动。

早在周朝时，每逢立夏日，天子都会率领文武百官，
用茶祭祀于南郊迎接夏季，称为"迎夏"。在民间，
立夏日也备受关注，自古人们就以各种各样的民俗活
动来迎接夏天的到来。

金国楠《金筑山歌》载诗"立夏良辰试新茶，为品新
茶乞十家。大壶泡出清香味，邻居分饮闲磕牙。"后
注云："立夏日，筑习乞邻给新茶，得十数家之茶叶杂
合以大壶泡好，邻舍分饮聊天，谓吃立夏茶。"

旧时浙江、江西等地有喝立夏茶的习俗。江浙一带喝
"七家茶"，即于立夏日，家家烹煮新茶，配上各种果
品，于亲友邻里间互相馈送；小孩子在立夏过七条门
槛，吃"七家茶"，即可保佑夏天不会得病。江西南
昌一带也流行"立夏茶"，在立夏这一天，妇女们要
聚集七家的茶叶，混同烹饮，说是立夏饮了七家茶，
可以保证整个夏天不会犯困，不饮立夏茶，则会一夏
苦难熬。贵阳的民国《平坝县志》中也有："立夏日，
煮鸡蛋，遍食家人，每人一枚，意取添气，或各家互
相索取茶叶和而烹饮，名曰立夏茶。"

朱熹的茶诗

宋代朱熹，著名理学家，也是一位嗜茶爱茶之人。朱熹在武夷山兴建武夷精舍，授徒讲学，聚友著作，斗茶品茗，以茶促人，以茶论道。朱熹在寓居武夷山时，亲自携篓去茶园采茶，并引之为乐事。有诗《茶坂》："携籯北岭西，采撷供名饮。一啜夜心寒，羝趺谢蠹影。"朱熹的《咏武夷茶》也一直流传，其诗为："武夷高处是蓬莱，采取灵芽余自栽。地僻芳菲镇长在，谷寒蝶蝶未全来。红裳似欲留人醉，锦幛何妨为客开。咀罢醒心何处所，近山重叠翠成堆。"

今日记录

绿霜

绿霜，绿茶类，产于安徽省宣州市郎溪县。创制于1986年。

清明至谷雨间采摘。以当地群体种茶树鲜叶为主要原料，选用鲜叶标准是1芽1叶初展。

制茶工艺工序是杀青、做形、干燥等。

成品绿霜茶叶的外形是条索紧结挺直、匀整、白毫披露，色泽翠绿，毫香清高持久；汤色嫩绿明亮，滋味醇和。叶底匀齐成朵。

冲泡绿霜时，茶与水的比例为1∶60，投茶量3克，水180克(水180毫升)；主要泡茶具首选"三才碗"(盖碗)，也可用玻璃杯；适宜用开水，静候待水温降至摄氏80度（℃）时冲泡茶叶。

图片来源：《中国茶谱》

TUESDAY. MAY 8, 2018

2018 年 5 月 8 日

农历戊戌年 · 三月廿三

星期二

五月八日

今日记录

幽居初夏

（宋）陆游

湖山胜处放翁家，槐柳阴中野径斜。

水满有时观下鹭，草深无处不鸣蛙。

箨龙已过头番笋，木笔犹开第一花。

叹息老来交旧尽，睡来谁共午瓯茶。

这首诗紧紧围绕"幽居初夏"四字展开，景是幽景，情亦幽情，但幽情中自有感寂。水满、草深、鹭停、蛙鸣，一幅初夏景色。景之清幽，物之安详，人之闲适，三者交融，构成了恬静深远的意境。尽管万物欣然，诗人却心情衰减，倦而欲睡，睡醒则思茶。忽然想到往日旧交竟零落殆尽，于是一种寂寞之感袭上心头："睡来谁共午瓯茶"？好一个下午茶，谁来雅集？

星期三

五月九日

 今日记录

文君井与文君嫩绿

文君井，位于四川省邛崃市临邛镇里仁街，面积共六千五百平方米，相传为卓文君与司马相如开设"临邛酒肆"卖酒烹茶时的遗物。山树水竹，琴台亭榭，曲廊小桥，风景美好，是邛崃著名的园林胜境。《邛崃县志》记载："井泉清冽，甃砌异常，井的口径不过两尺，井腹渐宽如胆瓶然，至井底径几及丈。"形似一口埋入地下的大瓮。

据史载，西汉司马相如，早年父母双亡，孤苦一人，来到临邛（今邛崃），投靠当时身为县令的同窗好友王吉，结识了临邛首富卓王孙。相如在卓家逗留时抚琴自娱，优雅《凤求凰》曲，飘进卓王孙之女卓文君房中，文君隔窗听琴，夜不成眠。终俩人私奔成都，结为夫妇。后重返临邛，以卖酒为生。每当工余闲暇，常汲取门前井水，品茗相叙。后人为纪念卓文君不顾封建礼教，忠贞爱情，以及她与成都才子司马相如汲井烹茶的故事，遂将此井泉定名为文君井。

与文君井相映成趣的还有产于邛崃的文君嫩绿（茶）。清代章发诗赞："地接蒙山味具殊，火前火后亦同呼。相如应有清泉喝，会试萌芽一试无。"道出了用文君井泉烹煮文君嫩绿的好。

THURSDAY. MAY 10, 2018

2018 年 5 月 10 日

农历戊戌年 · 三月廿五

星期四

 今日记录

湄江翠片

湄江翠片，绿茶类，产于贵州省湄潭茶场，原名"湄江茶"，因产于湄江河畔而得名。创制于 1943 年。

清明前后开始采摘，以清明前为佳。选用鲜叶标准是特级和、一级、二级翠片的原料，采摘 1 芽 1 叶初展，芽长于叶，芽叶长度分别为 1.5 厘米（cm）、2 厘米（cm）、2.5 厘米（cm）。均采自湄江良种苔树树茶的嫩梢。

制茶工艺工序是杀青、摊放、二炒、再摊放、辉锅等。

成品湄江翠片茶叶的外形是条索平直光滑匀整，形似葵花籽，隐毫稀见，色泽翠绿光润；汤色黄绿明亮，香气清高持久并伴有新鲜花香，滋味醇厚爽口，回味甘甜，叶底嫩绿匀整。

冲泡湄江翠片时，茶与水的比例为 1∶60，投茶量 3 克，水 180 克(水 180 毫升)；主要泡茶具首选"三才碗"（盖碗），也可用玻璃杯；适宜用开水，静候待水温降至摄氏 80 度（℃）时冲泡茶叶。

图片来源：《中国茶谱》

今日记录

茶旅游 · 杭州

时效：一日游（每日选一主题与点线）

1. 主题与点线：运动休闲游。何家村（山地自行车），上城埭村（品茶休息）长埭村（大山脚樱花大道、龙尾巴水库），慈母桥村，里桐坞村。漫山茶园里开出了一条标准的山地自行车赛道，途经四个村落，穿行于"浙江最美赛道"，樱花大道。

2. 主题与点线：亲山近水游。龙门坎村（白龙潭景区）上城埭村（中心茶艺街、生态大茶园、光明寺水库）。白龙潭景区保留了原生态面貌，观溪流、瀑布、山树，听风声、鸟啭、虫鸣，是杭州近郊的大氧吧；光明寺水库隐藏于茶村西北一隅，库水碧绿清澈，是游客踏青、露营、烧烤、垂钓的好地方；上城埭村品茗、农家乐、民宿很有名气。

3. 主题与点线：亲子文艺游。外桐坞村（农村文化礼堂、陶艺馆"泥巴王子"），慈母桥村（慈母桥文化），大清村（汽车营地、夏同善纪念馆）。专业手工陶艺馆"泥巴王子"里，随心所欲玩泥巴；在外桐坞农村文化礼堂、慈母桥村听听老底子故事；爬完茶山，还可以在大清谷的汽车营地玩攀岩、爬杆、烧烤野炊，夜幕降临，茶山下搭一个帐篷，或租一辆房车，看星星听鸟鸣。

玩：有白龙潭、大山脚樱花大道、光明寺水库、骑行公园、朱德纪念馆、闵庚灿艺术馆、国学体验、植觉、泥巴王子、启智工作室、茶艺等；吃：龙坞茶镇有农家乐、茶楼60余家特色乡村美食；住：30余家各种主题类型的民宿；购：龙坞茶镇最大的旅游纪念品是西湖龙井茶，还有绿植、艺术家的作品、茶衍生品等可以选购。在安排个时间，到"虎跑"品名泉，到中国茶叶博物馆参观，真不虚杭州茶之旅。

SATURDAY. MAY 12, 2018

2018 年 5 月 12 日

农历戊戌年·三月廿七

星期六

五月十二日

 今日记录

王濛与"水厄"

晋代王濛，官至司徒左长史，他注重仪表，侍奉其母十分恭谨，常居俭素，特别喜欢茶，以"清廉俭约"见称。不仅自己一日数次地喝茶，而且，有客人来，便一定要邀客同饮茶。当时，士大夫中还多不习惯于饮茶。因此，去王濛的家，大家总有些害怕，每次临行前，就戏称"今日有水厄"（水厄：溺死之灾。三国魏晋以后，渐行饮茶，其初不习饮者，戏称为"水厄"，后亦指嗜茶）。事见南朝宋刘义庆《世说新语》："王濛好饮茶，人至辄命饮之，士大夫皆患之，每欲往候，必云'今日有水厄'"。

SUNDAY. MAY 13, 2018

2018 年 5 月 13 日

农历戊戌年·三月廿八

星期日

五月十三日

 今日记录

金坛雀舌

金坛雀舌，绿茶类，产于江苏省常州市金坛区方麓茶场，1980年创制。

谷雨前采摘。选用鲜叶标准是1芽1叶初展，芽叶长度3厘米（cm）以下，通常加工1斤（500克）特级雀舌干茶需采摘4.0~4.5万个芽叶。要求芽叶嫩度匀整，色泽一致。不采紫芽叶、雨水叶，防止芽叶红变。采回的芽叶均匀摊在竹匾上，经3~5小时的摊放，方可炒制。

制茶工艺工序是杀青、摊凉、整形和干燥。运用搭、抖、捞、压、抓等手法交替进行加工而成。

成品金坛雀舌茶叶的外形是条索匀整，扁平挺直，状如雀舌，色泽绿润；汤色明亮，嫩香清高，滋味鲜爽，叶底嫩匀成朵明亮。

冲泡金坛雀舌时，茶与水的比例为1∶50，投茶量3克，水150克（水150毫升）；主要泡茶具首选"三才碗"（盖碗），也可用玻璃杯；适宜用开水，静候待水温降至摄氏80度（℃）时冲泡茶叶。

图片来源：《中国茶谱》

MONDAY. MAY 14, 2018

2018 年 5 月 14 日

农历戊戌年 · 三月廿九

星期一

 今日记录

临江仙·试茶

（宋）辛弃疾

红袖扶来聊促膝，龙团共破春温。

高标终是绝尘氛。

两厢留烛影，一水试泉痕。

饮罢清风生两腋，余香齿颊犹存。

离情凄咽更休论。

银鞍和月栽，金碾为谁分。

这首词写出了吃龙团饼茶的碾茶、泡茶和吃茶后两腋生风的切身感受。茶——"龙团"饼茶，水——"泉"，泡茶具——"金碾"（碾茶用），茶汤——"绝尘氛"，饮茶后感受——"清风生两腋，余香齿颊犹存"。

TUESDAY. MAY 15，2018

2018 年 5 月 15 日

农历戊戌年·四月初一

星期二

五月十五日

今日记录

金寨翠眉

金寨翠眉，绿茶类，产于安徽省金寨县齐山一带，创制于 1986 年。

清明后春梢有一片展开叶即可开采，称为"看老片采"，采摘期一直延续到 5 月中旬，采摘 2 厘米（cm）左右的纤细芽头，不含茶梗和叶片。金寨翠眉原料均采摘自当地群体种茶树鲜叶。

制茶工艺工序是炒芽、毛火、小火、足火。

成品金寨翠眉茶叶的外形是条索纤秀、眉状、白毫披露，色泽绿润；汤色清澈绿明，嫩香高长，滋味鲜醇、香甜爽口；叶底黄绿、幼嫩匀亮。

冲泡金寨翠眉时，茶与水的比例为 1：50，投茶量 3 克，水 150 克(水 150 毫升)；主要泡茶具首选"三才碗"（盖碗），也可用玻璃杯；适宜用开水，静候待水温降至摄氏 85 度（℃）时冲泡茶叶。

图片来源：《中国茶谱》

WEDNESDAY. MAY 16，2018

2018 年 5 月 16 日

农历戊戌年 · 四月初二

 今日记录

南山寿眉

南山寿眉，绿茶类，产于江苏省溧阳市南山一带。1985 年创制。

3 月底开始采摘。选用鲜叶标准是肥壮芽苞至 1 芽 2 叶，采自于鸠坑茶树品种的鲜叶，采回鲜叶后分级拣剔，除去老叶、果梗等杂质叶、不合格叶后，摊凉鲜叶 4 小时即可付制。

制茶工艺工序是杀青、理条整形、烘焙和拣剔。

成品南山寿眉茶叶的外形是条索微扁略有月弯，翠绿披毫，形如寿星之眉，香气清香幽长，滋味鲜爽醇和、回甘，叶底全芽嫩厚匀齐、嫩绿明亮。

冲泡南山寿眉时，茶与水的比例为 1：50，投茶量 3 克，水 150 克(水 150 毫升)；主要泡茶具首选"三才碗"(盖碗)，也可用玻璃杯；适宜用开水，静候待水温降至摄氏 80 度（℃）时冲泡茶叶。

图片来源：《中国茶谱》

今日记录

世界饮茶人口近30亿

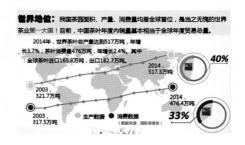

世界地位：我国茶园面积、产量、消费量均居全球首位，是当之无愧的世界茶业第一大国！目前，中国茶叶年度内销量基本相当于全球年度贸易总量。

2014年，世界茶叶总产量达到517万吨，年增长3.7%；茶叶消费量476万吨，年增长2.4%，其中：全球茶叶进口165.8万吨，出口182.7万吨。

2014，517.3万吨

40%

2003，321.3万吨

2003，317.5万吨

2014，476.4万吨

33%

生产数据　消费数据
（数据来源：国际茶委会）

茶是世界的三大软饮料之一。茶起源于中国，韩国、日本、印度等世界各国的种茶和饮茶习俗，都是直接或间接从中国传播过去的。现在全球有 60 多个国家种植茶叶，160 多个国家和地区有茶叶消费习惯。全球茶叶产量 528.5 万吨（2015 年），饮茶人口近 30 亿。中国的茶叶产量为 227.8 万吨（2015 年）、243.3 万吨（2016 年），居世界第一位，占世界总产量的 46.06%。茶，雅俗共赏，"柴米油盐酱醋茶""琴棋书画诗酒茶"，中国人耳熟能详。茶，一直是人们陶冶情操、修身养性的普遍选项。当代人工作繁忙、生活节奏快，饮茶也成为了享受生活的一种方式。随着国内外学者对茶与健康研究的不断推进，以及各国对茶叶保健功能的推广与宣传，全球茶叶消费量呈上升趋势，由 2006 年的 357.3 万吨增加到了 2015 年的 494.4 万吨，增长了 38.37%。2016 年中国茶叶总消费量 150 万吨至 155 万吨，人均年消费量 1.4 千克。

去年 5 月 18 日，习近平同志以中华人民共和国国家主席的名义，给茶国际活动发的贺信指明"茶叶深深融入中国人生活，成为传承中华文化的重要载体，从古代丝绸之路、茶马古道到今天丝绸之路经济带、21 世纪海上经济之路，茶深受世界各国人民喜爱"。

黄山松萝茶文化博物馆

黄山松萝茶文化博物馆是一家松萝茶文化主题体验博物馆，位于安徽省休宁县经济开发区内，建筑面积4100平方米。是由黄山市松萝有机茶叶开发有限公司承建并运营。是一座有历史、有内涵、有徽派特色的茶叶专业博物馆。2012年起对公众开放。

黄山松萝茶文化博物馆本着"特色、互动、品位、传承"的理念，通过群雕模型、情景再现、珍贵史料、图书档案、文学作品等展陈手法，重点展示了：自唐、宋、明、清以来徽茶及松萝茶的发展过程和辉煌的文化；徽州茶商在茶的生产、经营和贸易活动中的业绩和风采；松萝茶在中国茶界的四大领先地位以及松萝茶走向世界的历史轨迹。同时，以传说、故事、文献、史料演绎松萝茶的科学价值、养生保健价值和文学艺术价值。

博物馆从历史与教育的高度，将徽州茶与松萝茶有机结合，展现其厚重的文化内涵，以展示徽州茶文化及物品为基本功能，以研究交流松萝茶文化为重要使命，开发利用茶文化产业和茶产品为发展方向。

SATURDAY. MAY 19, 2018

2018 年 5 月 19 日

农历戊戌年·四月初五

星期六

五月十九日

今日记录

黄山太平猴魁博物馆

黄山太平猴魁博物馆是一家太平猴魁茶叶主题体验博物馆，位于黄山市屯溪区延安路 3 号。黄山太平猴魁博物馆总面积 2200 平方米。2015 年 12 月 27 日起开放。每日 9:00~17:00 免费向公众开放。

黄山太平猴魁博物馆集太平猴魁的发展史、生长环境展示、制作工艺展示、历史荣耀、茶道表演、品茗为一体，该馆收藏了历史上各种品茶器具和珍贵历史照片，展现了太平猴魁茶文化和茶文化的悠久历史，是太平猴魁和中国茶文化传播的重要载体。

SUNDAY. MAY 20，2018

2018 年 5 月 20 日

农历戊戌年 · 四月初六

星期日

五月二十日

茶和二十四节气时令·小满

"小满"是每年二十四节气中的第 8 个节气。小满时节雨水充沛，阳光充足，温度适宜，江南一带高气温，华南一带多暴雨，植物生长速度快。

茶树从小满开始进入夏茶开采期。夏茶，在云南叫做"雨水茶"，在福建广东叫做"夏暑茶"。夏茶的开采期历时最长，从每年的小满开始，一直延续到处暑。夏季茶树的叶芽生长非常迅速，叶片较大，纤维质较为粗硬，叶片颜色较深。

"小满"节气里，喝什么茶？小满时节，人易因内郁热外受湿寒而得病，因此要健脾益肾，去湿降热。适宜饮白茶、黄茶、春茶绿茶、红茶、乌龙茶（武夷岩茶，制成品半年以上的茶）。尽量不喝夏茶绿茶。

星期一

五月二十一日 小满

小满茶

小满至芒种前采摘的茶叶叫小满茶。小满标志着阳气呈饱满状态，尚未到鼎盛时期，小满茶截取的是阳气上升而不过烈的大自然时空能量。

每年"立夏"时节，春茶的采制就已接近尾声，到了"小满"节气就转入夏茶的采摘。小满是采制夏茶的第一个节气。夏茶，泛指夏季采制的茶叶，夏季采制的茶叶沏泡的茶（水、汤）。我国绝大部分产茶地区，茶树生长和茶叶采制是有季节性的。按节气分，小满、芒种、立夏、小暑采制的茶为夏茶；按时间分，6月初至7月上旬采制的为夏茶。夏茶的采摘季节最长，比春茶采摘的时间跨度要大。

夏茶也称"雨水茶"。是因为这时的江南大部分茶产区气温在22℃以上，进入多雨季节。在云南口语中说雨水茶，一般是特指乔木型树上出的夏茶。

在古代，人们取"雨水茶"用"天水"，泡饮"天水茶"很是享受。最好的"天水"当数小满节气梅雨季节的雨水，梅天的雨水又叫"梅水"，其水质厚，清纯，用梅雨水泡茶叶，茶汤淳厚、色美、味香。"梅水"还适宜长期存贮，梅雨期间的雨水通常是人们收存最多的天水。也有人认为，最好的雨水是时水（时天的雨水），因为时天（芒种时节）里下雨常伴有雷电，雨水中的病毒亦被雷电击灭，雨水中的氧离子则被雷电激活等等。

今日记录

天台云雾茶

天台云雾茶，绿茶类，产于浙江省的天台山华顶等诸峰，为历史名茶。天台山华顶是我国最古老的茶区之一，传说在三国吴赤乌元年（238），道士葛玄"植茶之圃已上华顶"。唐代陆羽《茶经·八之出》载："台州始丰县生赤城者，与歙州同。"陆羽曾亲至天台山考察。日本高僧圆珍（814~891）《行历抄》中说华顶"云雾茶园，遍山皆有"。日本僧最澄，来天台山拜师学法，回国时带去茶籽，播种在比睿山，人称"日吉茶园"。

天台云雾茶，只采制春茶，因气温低，小满后开始采摘。选用鲜叶标准是1芽1叶至1芽2叶初展，要求匀齐度好，并去紫芽、单片、鱼叶等。

制茶工艺工序是杀青、搓揉、整形和提毫、理条。

成品天台云雾茶茶叶的外形是细紧绿润，香气浓郁持久，滋味浓厚鲜爽，汤色嫩绿明亮，叶底嫩匀绿明。

冲泡天台云雾茶时，茶与水的比例为1：60，投茶量3克，水180克（水180毫升）；主要泡茶具首选"三才碗"（盖碗），也可用玻璃杯、紫砂壶、瓷壶；适宜用开水沸点后，静候待水温降至摄氏85度（℃）时冲泡茶叶。

图片来源：《中国茶谱》

WEDNESDAY. MAY 23，2018

2018 年 5 月 23 日

农历戊戌年·四月初九

五月二十三日

 今日记录

茶旅游 · 嘉阳

时效：三日游

主题：历史探寻之旅

点线：嘉阳小火车、矿山博物馆——罗城古镇——桫椤湖景区——中华茉莉种植园——文庙

行程及就餐：

第一日9点：出发至三井跃进站乘坐世界上唯一一辆还在运行的窄轨蒸汽小火车（嘉阳小火车），11点半：到达小火车终点站黄村井站并游览中国第一口观光矿井黄村井，12点半：返回芭沟古镇午饭，13点半：游览嘉阳国家矿山公园博物馆深入了解嘉阳的悠久历史和煤炭文化，14点半：游览中西合璧建筑特点的芭沟古镇，15点半：乘坐芭马峡老爷车前往文庙，16点半：返回县城。

第二日9点：从县城出发到罗城古镇，10点：游览享誉中外的船型古街并午饭，12点：出发参观罗城"凉厅子"茶园，15点：返回犍为县城休息。

第三日9点：从县城出发至清溪镇中华茉莉种植园，9点半：乘坐光观车游览种植园，10点：体验茉莉花采摘，11点半：返回犍为县城午餐，13点：游览美丽的桫椤湖，17点：返回犍为，结束行程。

嘉阳小火车　　　　　　中华茉莉种植园

THURSDAY. MAY 24, 2018

2018 年 5 月 24 日

农历戊戌年·四月初十

星期四

五月二十四日

 今日记录

邓村绿茶

邓村绿茶，绿茶类，产于湖北省宜昌市夷陵区邓村乡，为历史名茶。

谷雨前 10 天开始采摘。邓村绿茶选用茶树品种为宜昌大叶种，选用鲜叶标准是独芽或 1 芽 1~2 叶，不采对夹叶，紫芽叶，病虫叶，雨水叶，露水叶，不带鳞片、雨叶和单片叶，保证鲜叶的嫩度、匀度、鲜度、净度。

制茶工艺工序是杀青、摊凉、摊凉、初揉、初干、复揉、足干、精制。

成品邓村绿茶茶叶的外形是针芽条形、紧结、重实，色泽绿润，显毫；内质栗香幽长，汤色黄绿明亮，滋味醇厚、回甘；叶底黄绿、明亮、整匀。

夷陵古称峡州，是最早的茶科植物生长地。邓村乡产茶历史悠久，茶文化源远流长。陆羽在《茶经》中以"山南，以峡州上……"对当地茶叶给予了很高评价。

冲泡邓村绿茶时，茶与水的比例为 1：50，投茶量 3克，水 150 克(水 150 毫升)；主要泡茶具首选"三才碗"(盖碗)，也可用玻璃杯；适宜用开水，静候待水温降至摄氏 85 度（℃）时冲泡茶叶。

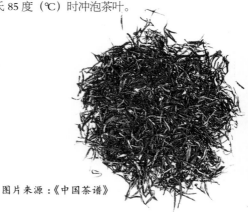

图片来源：《中国茶谱》

FRIDAY. MAY 25, 2018

2018 年 5 月 25 日

农历戊戌年·四月十一

星期五

五月二十五日

今日记录

感通茶

感通茶，绿茶类，烘青绿茶。产于云南省大理苍山感通寺方圆近 10 平方公里圣应峰（又称荡山）、马龙峰山脚一带，创制于明代以前，1985 年由下关茶厂恢复生产，为历史名茶。感通茶古时为贡茶，清康熙黄元治《荡山志略》记述："苍山圣应峰感通寺古茶五株……茶味甚佳，类六安茶也。"清代余怀著《茶史补》记载："感通山岗产茶，甘芳纤白，为滇茶第一。"

清明前采摘。选用鲜叶标准是清明前 1 芽 2 叶初展优质鲜叶，改传统的晒青绿茶制法为烘青绿茶制法精制加工而成。

制茶工艺工序是杀青、揉捻、初烘、复揉、整形、毛火、足火。

成品感通茶茶叶的外形是条索肥硕卷曲、匀整，色泽呈深绿油润、显毫，香气馥郁持久；汤色清绿明亮，耐多次冲泡，滋味醇爽回甘；叶底匀厚。

冲泡感通茶时，茶与水的比例为 1：50，投茶量 3 克，水 150 克（水 150 毫升）；主要泡茶具首选"三才碗"；适宜用开水，静候待水温降至摄氏 85~90 度（℃）时冲泡茶叶。

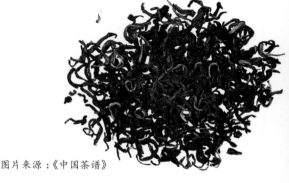

图片来源：《中国茶谱》

 今日记录

宝洪茶

宝洪茶，又名十里香茶，绿茶类，产于云南省宜良县，创制于明清年间，为历史名茶。

清明前开始采摘鲜叶。采摘标准是1芽1叶和1芽2叶初展的小叶种鲜叶。

制茶工艺工序杀青、摊凉、做形、干燥。

炒制手法有抖、拷、抓、扣、揪、压、推、磨八种。

加工成品茶有炒青（宜良龙井）和烘青（直春）两个品种。

成品宝洪茶茶叶的外形是扁直平滑，形似松杉叶，隐毫稀见，色泽绿翠；香气高锐，味浓鲜爽；汤色黄绿清澈；叶底肥嫩成朵。

宝洪茶属高香型茶树品种，茶香特异，香气高锐持久。当地流传着"屋内炒茶院外香，院内炒茶过路香，一人泡茶满屋香"之说。贮藏1~2年后的陈（宝洪）茶有清火解热的药理功能。

冲泡宝洪茶时，茶与水的比例为1：50，投茶量3克，水150克(水150毫升)；主要泡茶具首选"三才碗"（盖碗），也可用玻璃杯；适宜用开水100度(℃)温润盖碗后，投入茶叶，嗅闻茶叶干香，而后用开水继续冲泡茶叶。

图片来源：《中国茶谱》

SUNDAY. MAY 27, 2018

2018 年 5 月 27 日

农历戊戌年·四月十三

星期日

五月二十七日

今日记录

茶旅游·贵阳

剑江

采茶

石板街

斗篷山

时效：一日游

主题：都匀名茶品茗之旅

点线：贵阳——都匀——团山、哨脚、大槽采茶——石板街买茶——剑江喝茶——夜市小吃——斗篷山登高

特色：到都匀吃小吃和品都匀毛尖融为一体，适合家庭周末出游，采茶、喝茶、到斗篷山登高。

贵州都匀的毛尖茶也是贵州一张亮丽的名片，自古以来就有"北有仁怀茅台酒，南有都匀毛尖茶"的说法，都匀人的生活因为茶而休闲，在剑江河边、在古老的石板街上，处处可见卖毛尖茶的茶馆和茶叶店，喝茶成为当地人平常的生活和外地游客的特色旅游项目。到都匀旅游，一定要到河边小茶馆喝茶，才能真正领略这里的茶文化。

都匀毛尖主要产地在市郊的团山、哨脚、大槽一带，这里海拔千余米、云雾笼罩、气候温和、山谷起伏、峡谷溪流、林木苍郁、土壤肥沃，是茶树生长的好地方。

今日记录

茶旅游 · 苏州

洞庭（山）

吴中区采茶

江南茶文化博物馆

民宿农家饭

时效：一日游

主题："品东山碧螺春茶、游东山太湖美景"一日游

点线：吴中洞庭（山）——江南茶文化博物馆

阳春三月，碧螺春新茶开始批量上市。到吴中区采茶、炒茶、喝茶，吃农家饭、游太湖山水、品吴文化。

苏州茶文化发端于西汉，发展于东晋南朝，极盛于唐宋，明清独领风骚。传统的选茶、蓄水、煮茶、茶具、环境、情趣等饮茶的全过程，体现在茶事实践中情趣、意境和精神。苏州历代茶书专著非常丰富，今存 28 种。有唐陆羽《茶经》、宋叶涛臣《述煮茶泉品》、南宋审安老人《茶具图赞》、明顾元庆《茶谱》、张谦德《茶经》、清陈鉴《虎丘茶经刻注》等。

今日记录

茶旅游 · 雅安

白熊坪熊猫

蒙顶山风景区

中国藏茶史馆

中国藏茶村

时效：二日游

主题：雅安寻茶之旅

点线：碧峰峡风景区（白熊坪看熊猫）——蒙顶山风景区（远近闻名的茶山，山上种满茶树，还有仙女池、甘露石屋、蒙茶仙子的塑像、天盖寺、永兴寺）——中国藏茶村（旅游、休闲、生产、体验、参观、购物等为一体）

星期三

五月三十日

茶旅游 · 婺源

夏茶机械采摘

梦里老家山水实景演出

考水有机茶园

时效：二日游

主题：婺源茶园品茗之旅

点线：婺源——考水有机茶园——瑶湾——林生金山有机茶园——源头古村——清明丫玉茶楼——婺源生态有机茶园——灵岩洞——郓公山金竹有机茶园——思溪延村——梦里老家山水实景演出——晓起——篁岭——汪口——聚芳永古坑有机茶园

婺源山青、水秀、茶更香，是中国绿茶之乡，中国绿茶金三角核心产区。婺源产茶历史悠久，文化底蕴厚重。婺源境内茶旅游资源丰富，既有古代茶文化景观的遗存，又有现代化标准茶园风光，既有成熟的旅游精品路线，又有原生态的茶文化体验方式。让我们一起沿着徽商故道，去品茶仿古，探寻昔日婺源茶商的步履辙痕，溯游源头活水，品饮婺源绿茶。

THURSDAY. MAY 31, 2018

2018 年 5 月 31 日

农历戊戌年 · 四月十七

星期四

五月三十一日

 今日记录

祁门红茶

祁门红茶，红茶类，主产于安徽省祁门县及毗邻的石台县、东至县、贵池（今池州市）、黟县和黄山区（旧称太平县）以及江西省浮梁县等地，核心产区为祁门的西乡和南乡。创制于清代末期（1875），为历史名茶。原产地祁门县，陆羽《茶经》中记载："歙州茶，且素质好。"祁门古隶属歙州。

春茶、夏茶、秋茶季均可采摘。采用槠叶群体种茶树鲜叶为原料，选用鲜叶的标准是 1 芽 2 叶、1 芽 3 叶及同等嫩度的对夹叶。

制茶工艺工序是萎凋、揉捻、发酵、烘干。

成品祁门红茶条索锋苗紧秀，色泽乌润金毫显露；香气清高持久，似果香，又似蕴藏兰花香，被称为"祁门香"；汤色红艳明亮，回味厚美，叶底亮柔有活力。

冲泡祁门红茶时，茶与水的比例为 1：50，投茶量 3 克，水 150 克(水 150 毫升)；主要泡茶具首选"三才碗"（顺茶碗边缘缓缓注水后，加茶盖），也可用无色透明玻璃杯（采用下投法，先注水五分之一的开水，而后投入茶叶，半分钟后加至杯的五分之四，加用盖）；适宜用水开沸点，静候待水温降至摄氏 90~95 度（℃）时才用于泡茶叶。

图片来源：《中国茶谱》

 今日记录

唐代茶磨

广东省惠州市博物馆唯一的一件国家一级文物，也是"镇馆之宝"是唐代"昆山片玉"茶磨。

石磨呈浅铁红色，型制与现代石磨相似，由上、下两部分组成。石磨上碾为圆柱形，外塑有一圆形方孔钱币状浮雕，上阳刻"昆山片玉"4字楷书。下碾外围设磨流，磨心略高于外沿，外塑作弧腹内收，上刻卷草纹一周。器身纹饰自然实用，做工十分精美。

1954年冬，惠东县建设花树下水库时，发现了周代、春秋、唐代的先人生活遗址，出土有石斧、石簇、石凿、铜鼎、茶磨、瓷碗等珍贵文物。

经考证，惠州"昆山片玉"石磨为研茶之用。其上碾比下碾高出一倍多，增加了磨床的压力，使外形小巧玲珑的石磨使用起来更容易磨碎茶叶，集艺术性与实用性于一体，代表了唐代高超的石雕技艺以及惠州深厚的茶文化内涵。这件珍贵的国宝级文物，也证明了中国茶俗源流久远。

SATURDAY. JUN 2, 2018

2018 年 6 月 2 日

农历戊戌年 · 四月十九

星期六

 今日记录

花秋贡茶

花秋贡茶，绿茶类，产于四川省邛崃市夹关镇。也称火井茶，创制于1680年，为历史名茶。

清明前采摘。选用鲜叶标准是全芽至1芽1叶初展。采摘要求六不采：不采雨露叶、紫芽叶、病虫叶、焦边叶、对夹叶、不符合规格格叶；两不带：不带鱼叶、不带鳞片；四做到：轻采轻放、勤采勤放、手里不紧捏、筐内不紧压；三防：防止太阳照射、防止堆积发热、防止机械损失；五及时：及时运输、及时摊凉、及时翻动散热、及时选出不合格芽叶、及时付制。

制茶工艺工序是杀青、初揉、初烘、复揉、二炒、三揉、三炒、做形、毛火足火。

成品花秋贡茶茶叶的外形是条索紧细、卷曲显毫，色泽绿润，嫩香带毫香浓郁；汤色绿明亮，滋味鲜醇爽口；叶底嫩绿匀亮，芽叶完整。

冲泡花秋贡茶时，茶与水的比例为1：50，投茶量3克，水150克(水150毫升)；主要泡茶具首选"三才碗"(盖碗)，也可用玻璃杯；适宜用开水，静候待水温降至摄氏80度（℃）时冲泡茶叶。

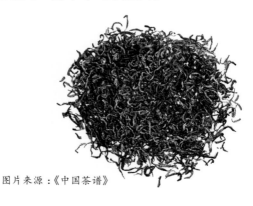

图片来源：《中国茶谱》

SUNDAY. JUN 3, 2018

2018 年 6 月 3 日

农历戊戌年·四月二十

星期日

六月三日

今日记录

六安瓜片

六安瓜片，绿茶类，简称瓜片、片茶，是唯一无芽无梗的茶叶，由单片生叶制成，产自安徽省六安市大别山一带，历史名茶。唐称"庐州六安茶"，明始称"六安瓜片"，清代为贡茶。

谷雨前后开始采摘，至小满节气前结束。选用鲜叶标准是1芽2~3叶为主，群众习惯称之为"开面"采摘。采制六安瓜片的茶树品种主要为六安双锋山中叶群体种，俗称大瓜子种。

制茶工艺工序是采摘、板片、生锅与熟锅、毛火、小火、老火等。根据采制季节，分成三种"片"，谷雨前采称"提片"；其后采制的称"瓜片"；进入梅雨季节采制的称为"梅片"。

成品六安瓜片茶叶的外形是似瓜子形的单片，顺直匀整，边背卷平展，不带芽梗，色泽宝绿，起霜有润，香气高长；汤色清澈透亮，滋味鲜醇回甘；叶底绿黄匀亮。

冲泡六安瓜片时，根据"片"的老嫩程度，从嫩向老，可以采用上投法、中投法或者下头法中的一种。冲泡六安瓜片采用上投泡法为最佳。茶与水的比例为1：50，投茶量3克，水150克（水150毫升）；主要泡茶宜用无色透明玻璃杯；用开水100度（℃）小量倒入玻璃杯温杯预热后倒去水，然后倒入五分之三的摄氏85~90度（℃）的热水在玻璃杯中，这时才投入六安瓜片茶叶，再注入热水至五分之四。注意要给玻璃杯加上杯盖。

图片来源：《中国茶谱》

MONDAY. JUN 4, 2018

2018 年 6 月 4 日

农历戊戌年 · 四月廿一

 今日记录

茶谚·茶是草，箬是宝

元代鲁明善《农桑衣食撮要》卷上："二月摘茶，略蒸，色小变，摊开揎气，通用手揉。以竹箬烧烟火气焙干，以箬封收。谚云：'茶是草，箬是宝'。"这是茶谚"茶是草，箬是宝"的出处。箬：是一种竹子，叶大而宽，可编竹笠，又可用来包粽子。常见的相关词语有箬竹、箬笠、箬帽、箬席等。"茶是草，箬是宝"指：在古代条件下，茶叶的收藏防潮，主要用竹箬，以箬封口，剪箬置于茶中，比采取埋储"烧灰"或存放焙笼等办法，要省事得多。说的是茶叶从焙制到装存，"箬"很重要。箬竹焙茶，保证了茶叶味道的纯正；竹叶包茶，保证了茶叶不走味。离开竹的辅助，茶叶就像野草一样失落价值。

这句茶谚对现代制茶工艺的"太平猴魁"而言，仍为贴切。午后拣尖，杀青、毛烘、足烘、复焙工序。到复焙工序，边烘边翻，切忌捺压。足干后趁热装筒，筒内垫箬叶，以提高猴魁香气，故有"茶是草，箬是宝"之说，待茶冷却后，加盖焊封。

这句茶谚对黑茶而言，箬是一种高大的竹子，箬叶可用于保存茶饼，箬条可用于捆绑运输茶叶，不止可以有效防潮、避光，呵护茶叶不受磕碰，还可以提升茶叶品质。

星期二

 今日记录

茶和二十四节气时令·芒种

"芒种"是每年二十四节气中的第9个节气。芒种是一年中降水量最多的时节，长江流域经常是连绵的雨水"梅雨季节"，此时的雨水有助于茶树生长。

在古代，梅雨水可蓄以煮茶（梅雨水：据明代李时珍《食物本草》，芒种以后逢壬叫入梅，夏至后逢庚叫出梅。又说农历三月迎接梅雨，五月送别梅雨，这之间下的雨都叫梅雨水。梅雨水能洗癣疥、灭瘢痕，入酱令酱易热，沾衣令衣腐。人受之则病，物浸之则霉。此水不可造酒醋，而以之煎药则可涤荡肠胃宿垢。）

"芒种"节气里，喝什么茶？芒种时节，天气开始进入炎热之夏，"肝脏气休，心正旺"，要照顾脏气平衡，预防暑热上火，讲究"心神静"、"肚腹温"、"嗜欲少"。南方开始了梅雨季，需防蚊防湿。适宜饮春茶绿茶、红茶、白茶（白毫银针、白牡丹、寿眉，均在3年以上）、黄茶、乌龙茶（武夷岩茶、安溪铁观音、台湾乌龙，制成品半年以上的茶）。尽量不喝夏茶绿茶。

WEDNESDAY. JUN 6，2018

2018 年 6 月 6 日

农历戊戌年·四月廿三

星期三

 今日记录

芒种茶

芒种后夏至前采摘的茶叶叫芒种茶。

芒种不但是采制夏茶的第2个节气。也是采制夏  茶的重要时节和大忙时节。由于芒种气温更高，芽头长得快，容易粗老，需要及时采摘。芒种是阳气接近鼎盛前的状态，芒种后气温更高，雨量增大，此时茶树芽叶的生长接近鼎盛，茶叶的绿色逐渐加深，茶味浓而不涩，饮后令人阳气上行而头脑清静。芒种茶截取的是朝气蓬勃向上的盛夏大自然时空能量。

夏茶，泛指夏季采制的茶叶，夏季采制的茶叶沏泡的茶（水、汤）。我国绝大部分产茶地区，茶树生长和茶叶采制是有季节性的。按节气分，小满、芒种、夏至、小暑采制的茶为夏茶；按时间分，6月初至7月上旬采制的为夏茶。

夏茶的特征：干看（冲泡前）成品茶，红茶、绿茶大多条索松散，芽茶紧细显毫，珠茶颗粒松泡；红茶色泽红润，绿茶色泽灰暗或乌黑；茶叶轻飘宽大，嫩梗瘦长；香气略带粗老。湿看（冲泡后）成品茶，绿茶汤色青绿飘毫，叶底中夹有铜绿色芽叶，茶汤入口淡薄，苦底较重，口腔收敛性强；红茶滋味平和带涩，汤色红暗，叶底较红亮；不论红茶还是绿茶，叶底均显得薄而较硬，对夹叶较多，叶脉较粗，叶缘锯齿明显。

THURSDAY. JUN 7，2018

2018 年 6 月 7 日

农历戊戌年·四月廿四

 今日记录

白毫银针

白毫银针，白茶类，主要产区为福建省福鼎、政和、松溪、建阳等地，创制于1796年，为历史名茶。

春茶季采摘。采自福鼎大白茶、政和大白茶良种茶树，选用鲜叶标准是春茶嫩梢萌发1芽1叶，将其采下，然后置室内"剥针"（用手指将真叶、鱼叶轻轻地予以剥离），也有直接"摘针"摘下肥壮单芽付制。

制茶工艺工序是萎凋、干燥，加工时以晴天，尤其是凉爽干燥的气候所制的银针品质最佳。将剥出的茶芽均匀地薄摊于水筛上（一种竹筛），勿使重叠，置微弱日光下或通风荫外，晒凉至八、九成干，再用焙笼以30~40℃文火至足干即成。也有用烈日代替焙笼晒至全干的，称为毛针。毛针经筛取肥长茶芽，再用手工摘去梗子（俗称银针脚），并筛簸拣除叶片、碎片、杂质等，最后再用文火焙干，趁热装箱。

成品白毫银针茶叶外形芽头肥壮，挺直如针，银毫显露，嫩香中带有毫香。福鼎所产茶芽茸毛厚，色白富光泽，汤色浅杏黄，味清鲜爽口；政和所产，汤味醇厚，香气清芬。

冲泡白毫银针时，茶与水的比例为1：35，投茶量3克，水105克（水105毫升）；主要泡茶具首选"三才碗"（盖碗），也可用玻璃杯、紫砂壶、瓷壶；适宜用水开沸点，静候待水温降至摄氏85度（℃）时冲泡茶叶。

图片来源：《中国茶谱》

今日记录

峨眉毛峰

峨眉毛峰，绿茶类，产于四川省雅安市凤鸣乡，原名凤鸣毛峰，1978 年改名为峨眉毛峰。

峨眉毛峰是夏秋名优茶，夏茶鲜叶原料在 6 月上旬开始采摘，秋茶鲜叶原料也是在秋茶的采茶季早采、嫩采、勤采。选用鲜叶标准是 1 芽 1 叶初展，以芽叶长 2 厘米（cm）为宜。

制茶工艺工序是采取烘炒结合的工艺"炒、揉、烘"交替，扬烘青之长，避炒青之短，独具一格的峨眉毛峰制作技术。其加工工艺为：杀青、初揉、初烘、二炒、二揉、二烘、三炒、整形、三烘、整形、四烘等。

成品峨眉毛峰茶叶的外形是条索细紧匀卷，银芽秀丽，嫩绿鲜润，白毫显露；香气带嫩香高长细腻，新鲜悦鼻；汤色黄绿明亮，浓郁醇厚，入口鲜爽而清甜，留香久，回味生津；叶底全芽叶整，嫩绿，明亮。

冲泡峨眉毛峰时，茶与水的比例为 1：50，投茶量 3 克，水 150 克(水 150 毫升)；主要泡茶具首选"三才碗"（盖碗），也可用玻璃杯；适宜水开沸点，静候待水温降至摄氏 85 度（℃）时冲泡茶叶。

图片来源：《中国茶谱》

SATURDAY. JUN 9, 2018

2018 年 6 月 9 日

农历戊戌年·四月廿六

星期六

六月九日

 今日记录

龙眼玉叶

龙眼玉叶，绿茶类，产于河南省新县八里畈乡的七龙山，也创制于 1984 年。因其外形扁平尖削似玉叶，光滑匀齐带"龙眼"，故取名为"龙眼玉叶"。

春茶季、夏茶季均采摘。选用鲜叶标准是 1 芽 1 叶或 1 芽 2 叶初展，要求芽叶肥壮，细嫩匀齐，毫多芽长，采摘要做到四不采：不采病虫芽，不采对夹叶，不采雨水叶，高温烈日不采，当日采茶当日制完。

制茶工艺工序是摊放、青锅、摊凉回潮、筛分、辉锅等。

成品龙眼玉叶茶叶的外形是条索扁平尖削，光滑匀齐似玉叶，金黄色茸球宛如龙眼，香高持久；汤色明亮，滋味甘醇，叶底匀嫩成朵。

冲泡龙眼玉叶时，茶与水的比例为 1：60，投茶量 3 克，水 180 克(水 180 毫升)；主要泡茶具首选"三才碗"(盖碗)，也可用玻璃杯；适宜用开水，静候待水温降至合适时冲，春茶降至摄氏 80 度（℃）时冲泡茶叶，夏茶降至摄氏 90 度（℃）时冲泡茶叶。

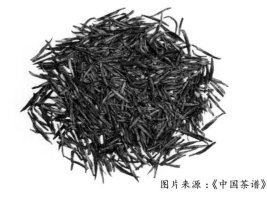

图片来源：《中国茶谱》

星期日

六月十日

重庆沱茶

重庆沱茶，绿茶类，产于重庆市，创制于 1950 年。

重庆沱茶以川东、川南地区 14 个产茶区栽种的云南大白茶、福鼎大白茶等为原料。选用原料标准是中上等晒青、烘青和炒青毛茶，经精制加工而成，属紧压绿茶。

制茶工艺工序是选料、原料整理、蒸热做形、低温慢烘干燥、包装成件。

成品重庆沱茶(每个净重 100 克)外形是圆正如碗臼状、松紧适度，色泽乌绿油润；汤色澄黄明亮，香馥郁陈香，滋味醇厚甘和，叶底较嫩匀。

重庆沱茶的饮用方法：

先将沱茶掰成碎块，也可用蒸汽蒸热后一次性把沱茶解散晾干，每次取 3 克，用开水冲泡 5 分钟后饮用。

也有先将掰成碎块的沱茶放入小瓦罐中在火膛上烧香后冲入沸水烧胀后饮用，还可在煮烧沱茶的小瓦罐中，加入油、盐、糖后饮用。

图片来源：《中国茶谱》

 今日记录

茶旅游·西双版纳

时效：二日游

主题：雨林古茶品茗游

点线：西双版纳——雨林庄园——勐宋一坊——南本老寨古茶园——南糯茶山——全国最大古树茶研发中心原始森林公园——野象谷救助繁育中心——普洱太阳河国家森林公园——茶博苑——犀牛坪景区

雨林庄园

古树茶研发中心原始森林公园

野象谷救助繁育中心

南糯茶山

在南糯茶山采摘普洱古树茶、体验少数民族传统手工制茶、品饮古树普洱茶的清香与醇厚，体悟普洱茶文化的博大精深；到庄园骑马、手工制茶，品茶、茶餐一站式茶文化深度体验；进入亚洲象种源救助及繁育中心，看望救助象"羊妞"、"然然"，给野象喂食，了解亚洲象救助保护的积极意义，与之亲密互动；游览茶博苑，亲身体验采茶与制茶，了解博大精深的普洱茶文化。

六月十二日

 今日记录

崂山雪芽

崂山雪芽，绿茶类，产于山东省青岛市。崂山种茶已有悠久的历史，崂山茶相传由宋代邱处机、明代张三丰等崂山道士由江南移植，亲手培植而成，数百年为崂山道观之养生珍品。传统的崂山茶系主要分三大类：崂山绿茶，崂山石竹茶，崂山玉竹茶。崂山雪芽为新创名茶。

3 月下旬开始采摘。崂山雪芽原料选用无性系茶树良种鲜叶，选用鲜叶标准是 1 芽 1 叶，芽叶长度 1~2 厘米（cm）。鲜叶采摘要求不采雨水叶、不采病虫危害叶、不采紫色芽叶、不采瘦弱叶等不符合标准的芽叶，要求鲜叶匀净新鲜。

制茶工艺工序是摊放、杀青、揉捻、烘干等。

成品崂山雪芽茶叶的外形是秀丽、匀整、墨绿润光，香气高锐持久；汤色嫩绿明亮，滋味鲜醇、回甘；叶底绿黄、嫩匀。

冲泡崂山雪芽时，茶与水的比例为 1∶60，投茶量 3克，水 180 克(水 180 毫升)；主要泡茶具首选"三才碗"（盖碗），也可用玻璃杯；适宜用开水，静候待水温降至摄氏 80 度（℃）时冲泡茶叶。

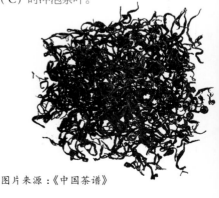

图片来源：《中国茶谱》

WEDNESDAY. JUN 13, 2018

2018 年 6 月 13 日

农历戊戌年·四月三十

星期三

六月十三日

 今日记录

银币茶

银币茶，绿茶类，属于紧压绿茶，单颗重约 1 克，产于湖南省安化县烟溪镇，创制于 1994 年。

银币茶选用 1 芽 1 叶初展的鲜叶为原料。

制茶工艺工序是摊放、杀青、清风（摊凉）、轻揉、一炒、二青、摊凉、造型、烘焙等。

成品银币茶茶叶的外形是形似硬币，条索紧结，压制较松，色泽绿润，白毫显露；汤色杏绿，毫香纯正浓厚，回甘力持久，叶底黄绿嫩匀。

冲泡银币茶时，茶与水的比例为 1∶100，投茶量克（1 颗），水 100 克（水 100 毫升）；主要泡茶具选用无色透明玻璃杯；适宜用水开沸点，静候待水温降至摄氏 85 度（℃）时冲泡茶叶。冲泡后芽叶逐步散开像含苞的花蕾慢慢绽开。

THURSDAY. JUN 14, 2018

2018 年 6 月 14 日

农历戊戌年 · 五月初一

星期四

六月十四日

苦口师

皮光业，吴越天福二年（公元 937 年）拜丞相。

有一天，皮光业的中表兄弟（注：父亲的姐妹之子与母亲的兄弟姐妹之子统称中表兄弟）请皮光业品赏新柑橙，并设宴款待。那天，朝廷显贵云集，筵席殊丰。皮光业一进门，对新鲜甘美的柑橙视而不见，急呼要茶喝。于是，侍者只好捧上一大茶瓯的茶汤。这自幼聪慧，容仪俊秀，气质倜傥，如神仙中人的皮光业，手持茶瓯，即兴吟道："未见甘心氏，先迎苦口师。"

此后，茶就有了"苦口师"的雅号、别名。

竹叶青

竹叶青，绿茶类，产于四川省峨眉山，创制于 1964 年。因形似嫩竹叶，陈毅元帅赐名竹叶青。

3 月上旬开始采摘。采用四川中小叶群体种、福鼎大白茶、福选 9 号、福选 12 号等无性系良种茶树鲜叶为原料，选用鲜叶标准是单独芽至 1 芽 1 叶初展，要求不采病虫叶、雨水叶、露水叶。制茶工艺工序是杀青、初烘、理条、压条、辉锅。

成品竹叶青茶叶外形条索紧直扁平，两头尖细，形似竹叶，色泽翠绿油润，香气清雅细长，汤色黄绿明亮，滋味鲜爽回甘，叶底鲜绿嫩匀。

冲泡竹叶青时，茶与水的比例为 1：50，投茶量 3 克，水 150 克(水 150 毫升)；主要泡茶具首选"三才碗"(温杯后投茶、摇香，顺茶碗边注水后，用加茶盖)，也可用无色透明玻璃杯（采用下投法，先注水五分之一的开水，而后投入茶叶，半分钟后加注水至杯的五分之四，用加盖）；适宜用水开沸点，静候待水温降至摄氏 85 度（℃）时才用于泡茶叶。

图片来源：《中国茶谱》

星期六

六月十六日

 今日记录

辽 壁画（局部）煮汤图（辽）佚名

辽　张恭诱墓壁画（局部）煮汤图（辽）河北宣化下八里
张恭诱墓出土

壁画中一童正执扇煮水，炉火正红，一男子端茶盘，
盘中有茶二盏，桌上还放有茶托、茶盏。

星期日

六月十七日

茶和中国传统节日·端午节

农历五月是仲夏，它的第一个午日正是登高顺阳好天气，故五月初五亦称为"端午节"。端午节，最初是古代中国祛病防疫的节日，后因诗人屈原在这一天"投江"，便成了纪念屈原的传统节日。端午节的特色饮食之一"粽子"古称"角黍"，传说是为祭投江的屈原而发明的。

"粽子香，香厨房。艾叶香，香满堂。桃枝插在大门上，出门一望麦儿黄。这儿端阳，那儿端阳，处处都端阳。"这首端午节民谣，流行甚广。端午节吃粽子，古往今来，中国各地都一样。

如今的粽子更是多种多样，璀璨纷呈。

吃粽子与喝茶的搭配讲究是：

吃粽叶香，即仅是米和粽叶包的的粽子，可以搭配喝白茶（白毫银针、白牡丹，成品茶当年春茶），它有一股淡淡的清香和青青的甘甜。

吃咸味的粽子，如椒盐、蛋黄等为馅的粽子，可配喝乌龙茶（武夷岩茶、凤凰单丛，成品茶半年以上），能衬出咸甜口味的幽远口感。

吃甜味的粽子，如红枣、栗子枣泥、豆沙等为馅的粽子，可选择清淡的春茶绿茶，能弱化夏天吃甜类粽子的燥热和甜腻。

吃油性的粽子，如鲜肉、火腿、香肠等为馅的粽子，相配的茶有黑茶（5年以上为佳），能减除口感上的油腻，并能助消化。

星期一

六月十八日　端午节

今日记录

山泉煎茶有怀

（唐）白居易

坐酌泠泠水，看煎瑟瑟尘。

无由持一碗，寄与爱茶人。

诗人静坐，对着倒近满鼎的清凉水，看着它正在煎煮着茶，那碧色茶粉细末如尘在汤面飘荡，发出瑟瑟响声，有着音乐的美妙。好茶出汤了。手捧着一碗茶无需什么理由，只是就这份情感寄予爱茶之人。这首诗可谓茶诗中的典范之一，诗中跳跃出一个煎茶、奉茶、分享茶的爱茶人形象。唐代名茶尚不易得，官员、处士常相互以茶为赠品或邀友人饮茶，表示友谊。诗人得茶后常邀好友共同品饮，也常赴雅集茶宴，如湖州茶山境会亭茶宴，是庆祝贡焙完成的官方茶宴，又如太湖舟中茶宴，则是文人湖中雅会。可见中唐以后，文人以茶叙友情已是寻常之举。

TUESDAY. JUN 19, 2018

2018 年 6 月 19 日

农历戊戌年 · 五月初六

星期二

六月十九日

 今日记录

北京茶叶博物馆

北京茶叶博物馆是茶文化主题体验博物馆，位于北京市西城区马连道 14 号京华茶叶大世界四层。北京茶叶博物馆面积近 900 平方米。2016 年 8 月起开放。是由北京二商集团出资企业北京二商京华茶业有限公司独立承建。每周二至周日 9:00~17:00 免费向公众开放。

进入茶博馆序厅，将被眼前的百年普洱、贡品绿茶等高端展品所吸引。茶博馆用实物、仿真情景以及各类高科技等展现方式，围绕茶及茶文化的传播共分设序厅、茶之源流、茶之内涵、茶之体验、尾厅等五部分，系统化展示了中国茶文化的起源、发展及传承。让参观者仿佛进入亲身进入一个动感式的茶世界。

此外，科普馆还通过超大屏幕 LED 和视频短片介绍了中国茶文化，利用立体沙盘及投影动画展示了制茶流程，同时还在现场由茶艺师向市民展示了各类茶叶正确的冲泡方法。为了能提高茶博馆的趣味性、互动性和参与性，茶博馆充分运用灯光渲染、实物展示、实景还原、电子翻书、幻影成像、沉浸式体验等高科技手段，调动参观者的视觉、听觉、触觉、嗅觉、味觉等感官进行全方位体验。

WEDNESDAY. JUN 20，2018

2018 年 6 月 20 日

农历戊戌年·五月初七

 今日记录

茶和二十四节气时令·夏至

"夏至"是每年二十四节气中的第 10 个节气。夏至时节,为物候学上真正的夏季。夏至以后地面受热强烈,长江中下游、江淮流域出现暴雨天气的"梅雨"季节,空气潮湿,阴雨连绵。

夏至饮茶,以祛暑益气、生津止渴、增进食欲、消解油腻为目的。夏季更需要静心喝茶,远离夏季的燥热。喝茶本就是一种宁静而自由的活动,古谚有"爱玩夏日天,爱眠冬至夜",到户外、到茶山吃茶去,无疑更体现得淋漓尽致。极简,实用,清静,都符合静以养"夏"的理念。

"夏至"节气里,喝什么茶?夏至后气温有时可达40℃上下,人体闷热,汗湿,养阴最为重要,宜服温热之物,滋阴养神,清热解毒,解暑利湿。适宜饮春茶绿茶、黑茶(安化天尖、普洱茶)、红茶、白茶(白毫银针、白牡丹、寿眉,均在 3 年以上)、黄茶、乌龙茶(武夷岩茶、安溪铁观音、台湾乌龙,制成品半年以上的茶)。尽量少喝夏茶绿茶。

THURSDAY. JUN 21, 2018

2018 年 6 月 21 日

农历戊戌年·五月初八

星期四

六月二十一日　夏至

今日记录

夏至茶

夏至后至小暑前采摘的茶叶叫夏至茶。

古人讲"夏至是一年阴之始。"夏至后我国大部分地区的日平均气温升至 22℃以上，为物候学上真正的夏季。夏至以后地面受热强烈，较高的气温和充足的光照，给予草木是全年中最充足的阳气，是草木生长的关键时期。这一阶段的茶树叶片肥硕，颜色加深，采摘制作的夏茶，茶性十足，茶香浓郁，入口微苦，反水为甜。这是"物极必反"的缘故。夏至到小暑 15 天，阳气在鼎盛中聚集收敛。阳气生"甘"，降而生"苦"。夏至时阳气呈现出鼎盛的状态。物壮则老，夏至茶截取的是阳气处于鼎盛时期开始聚集收敛的大自然时空能量。

夏至是采制夏茶的第三个节气。夏茶，泛指夏季采制的茶叶，夏季采制的茶叶沏泡的茶（水、汤）。我国绝大部分产茶地区，茶树生长和茶叶采制是有季节性

的。按节气分，小满、芒种、夏至、小暑采制的茶为夏茶；按时间分，6 月初至 7 月上旬采制的为夏茶。

唐代就有了夏至茶的采制。唐柳宗元《夏昼偶作》有："日午独觉无馀声，山童隔竹敲茶臼。"

[日午：中午；敲茶臼：制作新茶；茶臼：指制茶用的木头做的臼（中间凹下）。]

FRIDAY. JUN 22, 2018

2018 年 6 月 22 日

农历戊戌年·五月初九

星期五

 今日记录

茶旅游·临沧

茶山坝糯茶基地

凤庆滇红生产基地

勐库大雪山野生古茶树群落

天颐茶源临沧庄园

时效：二天游

主题：临沧古茶树林品茗之旅

点线：临沧——茶山坝糯茶基地——天颐茶源临沧庄园——双江勐库大雪山野生古茶树群落——凤庆滇红生产基地

星期六

六月二十三日

 今日记录

茶旅游·大理

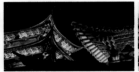

大理古城

下关沱茶厂

苍洱风光

时效：一日游

主题：沱茶品茗之旅

点线：大理古城——苍洱风光——白族民俗——下关沱茶厂区

大理历史悠久，文物古迹众多，横列如屏的苍山，雄伟壮丽；明珠般的洱海，清澈如镜，加之坝区牧歌式的田园风光，构成了优美绚丽的高原景观，这山山水水之间所包含的历史文化遗存和民族风情，更富灵气和迷人的魅力。

大理人杰地灵，历史悠久，茶文化得天独厚。下关沱茶是大理茶文化传承的一颗璀璨的明珠，下关沱茶传承110多年的制茶技艺，因其具有厚重历史文化价值，于2011年5月入选国家级非物质文化遗产名录。参观优美的自然风光、感受醇厚的沱茶文化、体验"非遗"制茶乐趣，正所谓："休闲、品茗两不误，健康、品味自然得。"

SUNDAY. JUN 24，2018

2018 年 6 月 24 日

农历戊戌年·五月十一

星期日

六月二十四日

 今日记录

贵州茶文化生态博物馆

贵州茶文化生态博物馆是一家茶文化为主题的生态博物馆，位于贵州省湄潭县。贵州茶文化生态博物馆中心馆是一个核心馆，位于贵州省湄潭县湄江镇天文大道"中国茶城"内，展馆占地面积 2000 多平方米。2013 年 9 月 28 日起免费向公众开放。

博物馆是一个内容丰富、内涵深刻的贵州茶文化生态博物馆群。其范围包括中心馆、民国中央实验茶场旧址博物馆、贵州红茶出口基地湄潭茶场制茶工厂旧址博物馆、贵州茶工业电力东方红电站旧址博物馆。

中心馆陈列内容主要包括：序厅及"前言"、"茶的起源"、"古代茶事"、"历史名茶"、"民国中央实验茶场"、"茶叶农垦"、"茶叶科研"、"茶叶供销与外贸"、"当代茶业"、"茶礼茶俗"等 10 部分 43 单元。其中"茶叶科研"、"茶叶供销与外贸"两部分尚在建设之中。

中心馆主要采用实物、图片、浮雕、多媒体等展陈形式，结合地方元素陈列布展，通过现代展陈形式对贵州全省茶叶发展历史和茶文化资源进行概要性介绍。其中展陈各种图片 500 多张，各类实物 560 多件。

MONDAY. JUN 25, 2018

2018 年 6 月 25 日

农历戊戌年·五月十二

星期一

今日记录

茶旅游·普洱古（新）六大茶山

古六大茶山：革登山，属乔木中小叶种，苦涩味偏重，回甘猛、生津快，香气呈淡清香，汤色深桔黄。莽枝山，属乔木中小叶种，苦涩偏重，回甘猛、生津快，香气较淡，汤色深桔黄。现今已没落，茶山图片难寻。倚邦山，属乔木小叶种，回甘快、生津较好，香气若幽似兰，汤色深桔黄。蛮砖山，属乔木大叶种，较苦涩，回甘强烈、生津好，香气呈梅子香，汤色深黄。曼撒山（易武山），属乔木大叶种，微苦涩，汤香水柔，在梅子香、蜜香中透着一股幽澜香，谷雨前后所采芽茶味淡香入荷，回甘强烈生津好，易武正山历史上就是闻名中外的茶山。攸乐山（基诺山），属乔木大叶种，苦涩重，回甘快、生津好，香气一般，汤色淡桔黄。

新六大茶山：南糯山，属乔木大叶种，微苦涩，回甘、生津好，汤色桔黄、透亮。透着蜜香、澜香，谷花茶淡香如荷。历史上是古茶山，至今仍存活着一株已逾千年的栽培型的茶王树。布朗山，属乔木大叶种，较苦涩，回甘快、生津强，汤色桔黄透亮。香气独特，有梅子香、花蜜香、兰香。巴达山，属乔木大叶种，这里生长着成片的栽培型茶树和野生茶树林。贺松村大黑山上就生长着一株1800年的野生型茶王树。此山茶叶味苦涩，回甘、生津快，汤色桔黄晶莹、透亮，条索墨绿油亮。香气好，有梅子香、蜜香。南峤（勐遮）茶山，属乔木中叶种，乔木茶树不成林（片），灌木居多，口感薄甜，汤色深桔黄，淡香。勐宋茶山（勐海区域），属乔木中叶种，乔木茶树不成林（片），灌木居多，口感苦涩，微回甘、生津一般，汤色深黄，条索墨黑。景迈山，属乔木大叶种，称"万亩乔木古茶园"。苦涩重、回甘生津强，汤色桔黄剔透。这里的乔木茶树上还生长着一种寄生物俗称"螃蟹脚"。

TUESDAY. JUN 26, 2018

2018 年 6 月 26 日

农历戊戌年·五月十三

星期二

 今日记录

湖南茶叶博物馆

湖南茶叶博物馆是一家茶叶专业博物馆，位于长沙市芙蓉区隆平高科技产业园隆园一路 19 号。湖南茶叶博物馆面积近 5000 平方米。2013 年起开放。是由湖南省茶业集团股份有限公司独立承建，是湖南省第一家经文物局备案，由茶叶企业承办。全馆由中茶馆、湘茶馆、湘茶品茗区、制茶体验区四部分组成。参观需预约，预约时间为周二至周日 9:00~16:00。

制茶体验区的茶叶资源圃，集中全国 70 个优良茶叶品种资源。亲临体验，可以感受不同茶叶品种的形态，同时也可以亲身体验和参与采茶、制茶的全过程。

湘茶品茗区，茶艺欣赏、品茶论道、茶文化主题沙龙、茶艺培训等，传统茶文化与现代生活的完美融合。

中茶馆，主要介绍茶叶的发展历史，中国茶及茶文化的世界传播，茶叶加工工艺，茶与健康以及茶产业发展的状况等。

湘茶馆，介绍中华茶文化发祥地之一的湖南省悠久的产茶历史。湖南长沙马王堆 1 号汉墓出土有茶叶实物和茶帛图绘文物《敬茶仕女图》。湖南茶具有唐代的铜官窑、岳州窑，明清的醴陵瓷器。

WEDNESDAY. JUN 27，2018

2018 年 6 月 27 日

农历戊戌年·五月十四

星期三

 今日记录

阳羡雪芽

阳羡雪芽，绿茶类，产于江苏省宜兴市南部阳羡，创制于 1984 年。阳羡雪芽的茶名从苏轼"雪芽我为求阳羡"诗句得之。

谷雨前后采摘。选用无性系福鼎大白茶、大毫品种茶树鲜叶为原料，选用鲜叶标准是 1 芽 1 叶初展、半展，长约 2.0~3.0 厘米（cm），要求进行严格拣剔，剔除单叶、鱼叶、紫芽、霜冻芽、伤芽和虫芽等，保证芽叶完整。鲜叶摊凉 3~6 小时即可付制。

制茶工艺工序是摊青、杀青、揉捻、整形干燥和割末贮藏等。

成品阳羡雪芽茶叶的外形是条索纤细挺秀，银毫披覆，汤色润绿明亮，香气清鲜，滋味醇厚，回味甘甜，叶底嫩匀完整。

冲泡阳羡雪芽时，茶与水的比例为 1：50，投茶量 3克，水 150 克（水 150 毫升）；主要泡茶具首选宜兴紫砂壶，也可用玻璃杯、"三才碗"（盖碗）、瓷壶；适宜用水开沸点，静候待水温降至摄氏 80 度（℃）时冲泡茶叶。

图片来源：《中国茶谱》

THURSDAY. JUN 28, 2018

2018 年 6 月 28 日

农历戊戌年·五月十五

星期四

六月二十八日

 今日记录

江南茶文化博物馆

江南茶文化博物馆是一家茶文化主题博物馆,地处江苏省苏州市古镇东山的碧螺景区。江南茶文化博物馆占地18亩,建筑面积达5600平方米。2008年起开放。是由苏州市东山茶厂独立承建。

江南茶文化博物馆附设康熙御茶园、土特产展示中心,项目集江南茶文化展示和休闲于一体。茶文化展示馆1761平方米(仿古2层),康熙御茶园(生态良种果木林)及景观布置7000平方米,农家餐厅800平方米(仿古2层),农家宾馆580平方米。

茶博馆分设茶文化历史实物、品茶、茶文化、茶艺等展示区。尤其是展览有产于洞庭东山、西山碧螺春的历史、形成、制作、品质等,分类作了详细介绍,茶博馆内定期举办各种茶道表演,力求知识性、趣味性,达到雅俗共赏。茶博馆配套服务:有以太湖水产为主的餐饮"得福楼",有休闲度假的"碧螺山庄",还有品茗观景的"紫金堂"等等。

FRIDAY. JUN 29, 2018

2018 年 6 月 29 日

农历戊戌年·五月十六

星期五

六月二十九日

 今日记录

羊岩勾青

羊岩勾青，绿茶类，产于浙江省临海市河头镇羊岩山。创制于20世纪80年代后期。

4月初开始采摘。选用鸠坑群体种、迎霜、福鼎大白茶等良种茶树鲜叶为原料，选用鲜叶标准是1芽1叶初展至1芽2~3叶，芽叶完整、新鲜、匀净。

制茶工艺工序是摊放、杀青、揉捻、初烘、造型、复烘、整理。

成品羊岩勾青茶叶的外形是条索勾曲、条索紧实，色泽绿鲜嫩润，香高持久；汤色嫩绿明亮，滋味醇爽，耐冲泡；叶底细嫩成朵。

冲泡羊岩勾青时，茶与水的比例为1∶50，投茶量3克，水150克(水150毫升)；主要泡茶具首选"三才碗"（盖碗），也可用玻璃杯、紫砂壶、瓷壶；适宜用水开沸点，静候待水温降至摄氏85度（℃）时冲泡茶叶。

图片来源：《中国茶谱》

SATURDAY. JUN 30，2018

2018 年 6 月 30 日

农历戊戌年·五月十七

星期六

六月三十日

 今日记录

金骏眉

金骏眉，红茶类，金骏眉属于正山小种红茶的分支，是一款创新型红茶。产于福建省武夷山市星村镇桐木关村，创制于 2005 年。

采摘头春茶一季，选用鲜叶的标准是头芽。

制茶工艺工序是萎凋、摇青发酵、杀青、揉捻、烘干。

成品金骏眉茶叶外型细小而紧秀。颜色为金、黄、黑相间。金黄色的为茶的绒毛、嫩芽，条索紧结纤细，圆而挺直，有锋苗，身骨重，匀整干茶香气清香；开汤汤色金黄，水中带甜，甜里透香（花果香），热汤香气清爽纯正，温汤（45℃左右）熟香细腻，冷汤清和幽雅，清高持久（无论热品冷饮皆绵顺滑口，极具"清、和、醇、厚、香"的特点）；叶底舒展，芽尖鲜活，秀挺亮丽。

冲泡金骏眉时，茶与水的比例为 1：50，投茶量 3 克，水 150 克（水 150 毫升）；主要泡茶具首选"三才碗"（温杯，投茶摇香，顺茶碗边缘缓缓注水后，加茶盖），也可用无色透明玻璃杯（采用下投法，先注水五分之一的开水，而后投入茶叶，半分钟后加至杯的五分之四，加用盖）；适宜用水开沸点，摄氏 100 度(℃)时才用于泡茶叶。3~5 秒出汤。

SUNDAY. JUL 1, 2018

2018 年 7 月 1 日

农历戊戌年 · 五月十八

星期日

七月一日

 今日记录

阎立本 萧翼赚兰亭图

阎立本 萧翼赚兰亭图 台北故宫博物院藏南宋摹本 辽宁省博物馆藏北宋摹本

阎立本，唐代早期画家，擅长画人物肖像和人物故事画。画面有 5 位人物，中间坐着一位和尚即辨才，对面为萧翼，左下有二人煮茶。画面上，机智的萧翼和疑虑为难的辨才和尚，其神态维妙维肖。画面左下有一老仆人蹲在风炉旁，炉上置一锅，锅中水已煮沸，茶末刚刚放入，老仆人手持"茶夹子"欲搅动"茶汤"，另一旁，有一童子弯腰，手持茶托盘，小心翼翼地准备"分茶"。矮几上，放置着其它茶碗、茶罐等用具。这幅画不仅记载了古代僧人以茶待客的史实，而且再现了唐代烹茶、饮茶所用的茶器茶具，以及烹茶方法和过程。

MONDAY. JUL 2, 2018

2018 年 7 月 2 日

农历戊戌年·五月十九

星期一

七月二日

今日记录

茶旅游·宜兴

张渚镇阳羡茶产业园

兴紫砂壶的诞生地丁蜀镇

阳羡茶产业园采摘

平湖云影

时效：一日游

主题：阳羡采茶掇壶之旅

点线：张渚镇阳羡茶产业园——龙池山自行车公园——兴紫砂壶的诞生地丁蜀镇——宜兴阳羡茶文化博物馆

宜兴市张渚镇阳羡茶产业园内，总面积达到六百多公顷。是公园以低碳出行、健身与休闲观光相结合，利用茶园、竹海、水库等生态旅游资源，打造出一个集自行车运动、山水风光以及阳羡茶文化等特色为一体的自行车健身运动主题公园。有总长度约12公里，宽度为3至5米的绿道也就是一条很棒的自行车专业道路。沿线的各个景观：竹海幽径、三潭映碧、平湖云影、茶洲叠翠……然后探访茶农，学习采茶、制茶，还过到兴紫砂壶的诞生地丁蜀镇淘紫砂壶。

TUESDAY. JUL 3, 2018

2018 年 7 月 3 日

农历戊戌年·五月二十

星期二

七月三日

 今日记录

蒙山世界茶文化博物馆

蒙山世界茶文化博物馆是一家茶文化主题体验博物馆，位于四川省雅安市名山县蒙顶山。世界茶文化博物馆面积 2000 平方米。2005 年 8 月 29 日起开放。

蒙山世界茶文化博物馆设有茶艺表演厅、中华茶史厅、中国乌龙茶展示厅、中国茶叶品种厅、中外茶具厅、茶事书画厅、中华茶韵全国摄影大赛精品展厅，并设有贵宾厅和容纳 1300 人的多功能活动大厅。

蒙山世界茶文化博物馆分为 7 个功能区：在主题馆 6 根白色浮雕立柱分别记载了世界茶人、茶事、茶具、茶叶、茶俗和茶诗，地上大幅的铜板蚀刻记载了中国自神农氏以来五千年茶史大事记；展览区介绍茶叶历史、茶文化艺术、茶文化作品、茶道三君子（好茶、好水、好茶具）、茶与健康，中国及英国、印度、日本等 6 种代表性的饮茶习俗和 14 种特色茶艺；特别展区着重介绍四川和蒙山茶发展文化史、蒙山名茶和茶文化旅游资源；场景展区可以参观茶马古道场景，接待区可以品尝世界精品名茶，销售区可以选购当地茶叶和土特产品，多功能区可学习茶艺、采茶与制茶、茶具制作；观赏展览区中许多有关茶文化的文物，原件展品十分珍贵的有：用来测看沏茶水质的汉代青铜错银扁壶、陕西法门寺地宫出土的 12 件古朴茶具、辽代墓室壁画中精致摩画的茶道 18 场景等。茶道图中碾茶、茶艺、送茶、品茶的这 4 幅图，详细勾画生动记述了我国千年前就已形成一套完整的茶道技艺。

WEDNESDAY. JUL 4, 2018

2018 年 7 月 4 日

农历戊戌年 · 五月廿一

星期三

七月四日

今日记录

茶旅游·信阳

五座云山

南湾湖

龙潭瀑布

信阳毛尖茶园

时效：一日游

主题：信阳毛尖品茗之旅

点线：南湾湖——龙潭瀑布——五座云山——信阳毛尖茶园

THURSDAY. JUL 5, 2018

2018 年 7 月 5 日

农历戊戌年·五月廿二

星期四

七月五日

 今日记录

《茶经》

唐代陆羽（公元 733~804 年）创作了《茶经》。《茶经》是中国乃至世界现存最早、最完整、最全面介绍茶的第一部专著，被誉为茶叶百科全书。《茶经》是关于茶叶生产的历史、源流、现状、生产技术以及饮茶技艺、茶道原理的综合性论著。作者详细收集历代茶叶史料、记述，亲身调查和实践经验，对唐代及唐代以前的茶叶历史、产地、茶的功效、栽培、采制、煎煮、饮用的知识技术都作了阐述，是中国古代最完备的一部茶书，使茶叶生产从此有了比较完整的科学依据，对茶叶生产的发展起过一定积极地推动作用。将普通茶事升格为一种美妙的文化艺能，推动了中国茶文化的发展。是对陆羽生活的唐代与溯前的古代中国，人们生产生活中关于茶的经验的总结。

《茶经》是陆羽对人类的一大贡献。全书分上、中、下三卷共十个部分。其主要内容和结构有"一之源"考证茶的起源及性状；"二之具"记载采制茶工具；"三之造"记述茶叶种类和采制方法；"四之器"记载煮茶、饮茶的器皿；"五之煮"记载烹茶法及水质品位；"六之饮"记载饮茶风俗和品茶法；"七之事"汇辑有关茶叶的掌故及药效；"八之出"列举茶叶产地及所产茶叶的优劣；"九之略"指茶器的使用可因条件而异，不必拘泥；"十之图"指将采茶、加工、饮茶的全过程绘在绢素上，悬于茶室，使得品茶时可以亲眼领略茶经之始终。

《茶经》（唐）陆羽

FRIDAY. JUL 6, 2018

2018 年 7 月 6 日

农历戊戌年·五月廿三

星期五

七月六日

 今日记录

茶和二十四节气时令·小暑

"小暑"是每年二十四节气中的第 11 个节气。暑，炎热的意思。时至小暑，天气已非常热，小暑就是小热，极其炎热的天气刚开始。第一次夏茶采摘历经小满、芒种、夏至、小暑四个节气，"小暑"是最后一个时节。

"小暑"节气里，喝什么茶？小暑节气，夏气应心，涵养心田，补肺生津，避腹泻伤阴，治暑热防烦渴。适宜饮黑茶（普洱茶、六堡茶、金尖茶、茯砖）、乌龙茶（武夷岩茶、安溪铁观音、台湾乌龙，制成品 1 年以上的茶）、红茶、白茶（白牡丹、寿眉，均在 3 年以上）。不喝当年夏茶绿茶。

不喝冷泡法冲泡的茶水置于冰箱而未恢复到常温的茶饮。可适度提高入口茶水温度（以舌感不烫为度）并略为"牛饮"，以促出汗，让积聚在体内的热气散发出来。注意出汗后不要吹风，及时用干布擦汗，不要立即洗澡，尤其不宜冲洗冷水澡。

SATURDAY. JUL 7, 2018

2018 年 7 月 7 日

农历戊戌年 · 五月廿四

星期六

七月七日 小暑

 今日记录

小暑茶

小暑后大暑前采摘的茶叶叫小暑茶。

时至小暑，天气已非常热，但极端炎热的天气刚刚开始。气候进入一年中最湿热的阶段。小暑之后，江南地区正处于湿热的季节。湿热之气有利于草木灌浆，这正是大自然的神奇之处。天地间阳气鼎盛，湿气补给水分，草木阳长，这时的茶树叶片变得肥美，茶叶喝在口中带有醇香。小暑时阳气、水气合为湿热，小暑茶截取的是天气和地气交融的大自然时空能量。

小暑是采制夏茶的最后一个节气。夏茶，泛指夏季采制的茶叶，夏季采制的茶叶沏泡的茶（水、汤）。我国绝大部分产茶地区，茶树生长和茶叶采制是有季节性的。按节气分，小满、芒种、夏至、小暑采制的茶为夏茶；按时间分，6月初至7月上旬采制的为夏茶。7月中旬采制的7月下旬采制的小暑茶，又当属是秋茶。

秋茶的特征：干看（冲泡前）成品茶，茶叶大小不一，叶张轻薄瘦小；绿茶色泽黄绿，红茶色泽暗红；且茶叶香气平和。湿看（冲泡后）成品茶，香气不高，滋味淡薄，叶底夹有铜绿色叶芽，叶张大小不一，对夹叶多，叶缘锯齿明显。

SUNDAY. JUL 8, 2018

2018 年 7 月 8 日

农历戊戌年·五月廿五

 今日记录

高桥银峰

高桥银峰，绿茶类，产于湖南省长沙市东郊玉皇峰下，由湖南省茶叶研究所于1957年创制。

清明前后4~5天开始采摘。选用鲜叶标准是1芽1叶初展，每个芽叶的长度为2.5厘米（cm）左右，1斤干茶约需6万个鲜叶芽头。严格要求芽叶长短、肥瘦、色泽深浅均匀一致，做到不采红叶、紫叶、病虫伤叶，不采散叶、雨露叶。

制茶工艺工序是摊放（鲜叶采回后，薄摊通风阴凉，让鲜叶水分散发至含水量在达70%左右后付制）、杀青、摊凉（清风）、初揉、初干、做条、提毫、摊凉、烘焙等。

成品高桥银峰茶叶的外形是条索紧细微卷曲，匀整洁净，满披白毫，色泽绿翠；香气嫩香持久，汤色嫩绿清亮，滋味纯浓回甘；叶底细嫩匀亮形质俱佳。

冲泡高桥银峰时，茶与水的比例为1：50，投茶量3克，水150克（水150毫升）；主要泡茶具首选玻璃杯，也可用"三才碗"（盖碗）；适宜用开水，静候待水温降至摄氏80度（℃）时冲泡茶叶。

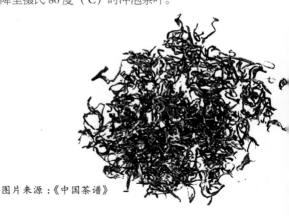

图片来源：《中国茶谱》

"战国水晶杯" 像茶杯

水晶杯，战国时期器具，国家一级文物，中国首批禁止出国（境）展览文物。1990 年浙江省杭州市半山镇石塘村战国墓出土。收藏于浙江杭州博物馆。

杯高 15.4 厘米，口径 7.8 厘米、底径 5.4 厘米。敞口平唇，杯壁斜直呈喇叭状，底圆，圈足外撇，酷似今天我们使用的玻璃杯。杯身通体平素简洁，透明无纹饰，整器略带淡琥珀色，器表经抛光处理，器中部和底部有海绵体状自然结晶。

此杯是用整块优质天然水晶制成的宝用器皿，国内罕见。是中国出土的早期水晶制品中器形较大的一件。立在博物馆展柜里，透明、闪亮，叫人神思恍惚，这多像自己家里的玻璃杯啊。难以想象战国时已经有了外形如此现代的器物。

2006 年甘肃马家塬墓地 M1 出土的战国晚期蓝釉陶杯（张家川博物馆藏）器型与之相似，也基本是同时期器型。说明应该在战国时就已有这样器型的杯。

云南茶文化博物馆

云南茶文化博物馆是省级茶文化专项博物馆，位于云南省昆明市五华区钱王街86号。2016年6月5日起，每周二至周日10:00~21:00，免费向公众开放。

云南省茶文化博物馆主要展览馆藏的云南普洱茶、茶具，并为参观博物馆的游客提供云南普洱茶茶艺、茶文化知识和互动体验。馆藏精品：普洱茶样本、普洱茶老茶、古乔木茶样本三百余种。收藏的各类珍稀种类普洱茶样本、普洱茶老茶、古乔木茶达三百余种。最老的馆藏茶是上世纪二十年代，横跨一个世纪。

展品陈列：稀有种类普洱茶样本以及各类古茶树衍生物；从民国中后期一直到近现代的普洱陈茶、老茶；代表云南省参展2008北京奥运会、2010上海世博会、2015米兰世博会等重大国际活动的展品和国礼；云南普洱茶传统加工技艺非物质文化遗产保护单位出品代表云南顶级古树茶的非遗系列国礼茶；云南地区历代普洱茶用具和茶具。

云南省茶文化博物馆不定期开展茶文化展览和体验活动，包括：普洱茶非物质文化遗产、少数民族茶艺比赛和体验活动、国际斗茶大赛和古树茶免费品鉴活动等。

WEDNESDAY. JUL 11, 2018

2018 年 7 月 11 日

农历戊戌年 · 五月廿八

星期三

七月十一日

今日记录

珠茶

珠茶，绿茶类，是"圆炒青"绿茶的一种，又称"平炒青"，起源于浙江省绍兴平水镇而得名。珠茶生产历史悠久，唐、宋的"日铸茶"是珠茶的前身。珠茶主要产于绍兴、余姚、嵊州、新昌、鄞州、上虞、奉化、东阳等县。18世纪，珠茶以"贡熙茶"出口欧洲，曾被誉为"绿色珍珠"。

珠茶，选取采用1芽2~3叶或1芽4~5叶，芽叶均较长的鲜叶"平炒青"粗制为（毛茶）原料，精制加工采取单级付制，成品多级收回的方式，其加工工艺是：原料拼和、定级，分原身、轧货、雨茶三路取料。加工作业分为生取、炒车、净取等工序制成各级筛孔茶，然后对样拼配，匀堆包装。

成品珠茶茶叶的外形是细圆紧结，颗粒重实，宛如珍珠（珠形越细质量越佳），色泽乌绿油润，汤色和叶底黄绿明亮，香纯味浓；冲泡后水色绿明微黄，叶底柔软舒展，经久耐泡。其质量介于珍眉和贡熙之间。珠茶根据其外形、香气与滋味及冲泡后的颜色可分为五个等级和不列级。

冲泡珠茶时，茶与水的比例为1：60，投茶量3克，水180克（水180毫升）；泡茶具用"三才碗"（盖碗）、玻璃杯、大瓷壶、普通茶杯等均宜；适宜用水开沸点，静候待水温降至摄氏90~95度（℃）时冲泡茶叶。

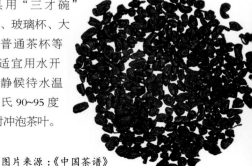

图片来源：《中国茶谱》

THURSDAY. JUL 12, 2018

2018 年 7 月 12 日

农历戊戌年 · 五月廿九

星期四

七月十二日

 今日记录

《大观茶论》

《大观茶论》是赵佶关于茶的专论，成书于大观元年（公元 1107 年），是我国历史上唯一的一部由皇帝所著茶书。赵佶（公元 1082~1135 年），即宋徽宗，我国历史上出名的骄奢淫逸的帝王之一。风流颇有才气，书、画、词、文都有所精，存世有真书、草书《千字文卷》以及《雪江归棹》、《池塘秋晚》等画卷。

《大观茶论》全书共二十篇，对北宋时期蒸青团茶的产地、采制、烹试、品质、斗茶风尚等均有详细记述。其中"点茶"一篇，见解精辟，论述深刻。从一个侧面反映了古代中国北宋茶业的发达程度和制茶技术的发展状况，也为我们认识宋代茶道留下了珍贵的文献资料。

《大观茶论》的影响力和传播力非常巨大，不仅积极促进了中国茶业的发展，同时极大地推进了中国茶文化的发展，使宋代成为中国茶文化的兴盛时期。

星期五

七月十三日

🍂 今日记录

珠峰圣茶

珠峰圣茶，绿茶类，主要产于西藏自治区察隅县易贡茶场，为新创名茶。"易贡"，藏语是"美好地方"的意思。

4 月中旬开始采摘，选用地方群体种（从四川省雅安引进的茶籽直播成活成株）茶树鲜叶为原料，选用鲜叶标准是 1 芽、1 芽 1 叶初展。

制茶工艺工序是杀青、揉捻、烘焙。

成品珠峰圣茶茶叶的外形是条索细紧，毫锋显露，色泽鲜绿光润，香高持久，汤色黄绿明亮，滋味甘醇，耐泡，叶底嫩匀。

冲泡珠峰圣茶时，茶与水的比例为 1：50，投茶量 3 克，水 150 克(水 150 毫升)；主要泡茶具首选"三才碗"（盖碗），也可用玻璃杯、紫砂壶、瓷壶；适宜用水开沸点，静候待水温降至摄氏 80 度（℃）时冲泡茶叶。

图片来源：《中国茶谱》

SATURDAY. JUL 14, 2018

2018 年 7 月 14 日

农历戊戌年·六月初二

 今日记录

紫阳毛尖

紫阳毛尖，绿茶类，产于陕西省紫阳县，始创于清代，为历史名茶。

清明前 10 天开始采摘至谷雨前结束。选用鲜叶标准是 1 芽 1 叶，鲜叶采自紫阳种和紫阳大叶泡茶，芽肥壮，茸毛多。

制茶工艺工序是杀青、初揉、炒坯、复揉、初烘、理条、复烘、提毫、足干、焙香。

成品紫阳毛尖茶叶的外形是条索圆紧壮结、略曲，较匀整，色泽翠绿，毫显；内质香气嫩香持久，汤色嫩绿清亮，滋味鲜爽回甘；叶底肥嫩较完整，嫩绿明亮。

冲泡紫阳毛尖茶时，茶与水的比例为 1：50，投茶量 3 克，水 150 克（水 150 毫升）；主要泡茶具首选玻璃杯，也可用"三才碗"(盖碗)、瓷壶；适宜用水开沸点，静候待水温降至摄氏 80 度（℃）时冲泡茶叶。

图片来源：《中国茶谱》

SUNDAY. JUL 15, 2018

2018 年 7 月 15 日

农历戊戌年·六月初三

星期日

七月十五日

🕊 今日记录

浪伏银猴

浪伏银猴，绿茶类，产于广西自治区凌云县，为新创名茶。

春分至谷雨采摘。采用小乔木大叶种凌云白毫种茶树鲜叶为原料，选用鲜叶标准是1芽1叶初展，芽长3厘米（cm）左右，要求鲜叶采摘中做到"五不采，两不带"，即不采雨水叶、露水叶、紫色叶、病虫叶及瘦弱芽叶；不带鱼叶，不带鳞片。采摘芽叶肥壮，茸毛密被，大小一致，色泽一致，匀净新鲜。

制茶工艺工序是摊放、杀青、摊凉、揉捻（做型）、烘干。

成品浪伏银猴茶叶的外形是条索粗壮弯弓似猴，色泽绿油光润，披茸毫，香高持久，汤色嫩绿清澈，滋味鲜醇爽口，叶底嫩绿成朵，芽叶匀整。

冲泡浪伏银猴时，茶与水的比例为1∶50，投茶量3克，水150克(水150毫升)；主要泡茶具首选"三才碗"（盖碗），也可用玻璃杯、紫砂壶、瓷壶；适宜用水开沸点，静候待水温降至摄氏80度（℃）时冲泡茶叶。

图片来源：《中国茶谱》

庐山云雾

庐山云雾，绿茶类，产于江西省九江市庐山，为历史名茶。据载，东晋时，名僧慧远，在山上居住三十余年，聚集僧徒，讲授佛学，在山中将野生茶改造为家生茶。唐代诗人白居易，曾在庐山峰挖药种茶，写下"长松树下小溪头，斑鹿胎巾白布裘，药圃茶园为产业，野麋林鹳是交游"。庐山云雾茶古称"门内身（字）林茶"，从明朝起始称云雾。

庐山的茶树萌发多在谷雨后，谷雨后至立夏之间开始采摘。

选用鲜叶标准是 1 芽 1 叶初展，长 3 厘米（cm）。

制茶工艺工序是杀青、抖散、揉捻、炒二青、理条、搓条、拣剔、提毫、烘干。

成品庐山云雾茶叶的外形是条索壮尚结，匀整多毫，色泽绿翠；内质香气清鲜持久，汤色清澈明亮，滋味醇厚回甜，叶底肥软嫩绿、匀齐。通常用"六绝"来形容庐山云雾茶，即"条索粗壮、青翠多毫、汤色明亮、叶嫩匀齐、香凛持久，醇厚味甘"。

冲泡庐山云雾时，茶与水的比例为 1 : 50，投茶量 3 克，水 150 克（水 150 毫升）；主要泡茶具首选"三才碗"（盖碗），也可用紫砂壶、瓷壶（腹大的壶，注水后不上壶盖）和玻璃杯；适宜用水开沸点，静候待水温降至摄氏 80 度（℃）时冲泡茶叶。

图片来源：《中国茶谱》

星期二

七月十七日

 今日记录

青岛崂山茶文化博物馆

青岛崂山茶文化博物馆是一家专业性茶文化博物馆，位于青岛市近郊崂山王哥庄街道晓望社区。占地面积7800平方米，建筑面积2300平方米。2006年5月起向公众开放。是由青岛市崂山区人民政府主办，崂山区王哥庄街道办事处、崂山区农林局承办。

博物馆由主体建筑、文化广场公园、茶展销区组成。主体建筑分为游客中心，中国茶叶馆，崂山茶博物馆，学术交流中心组成，其中中国茶和崂山茶馆分为6个展区和6个展厅，通过实物与文字资料和灯光音响相结合的方式，展出现代茶叶样品，古代和现代茶具、茶录、茶史料。其中中国茶文化博物馆内收藏展出汉、唐、五代、宋、元、明、清、民国和现代等茶具300余件（套），茶经、茶著200余本，全国各地名茶样品百种，茶叶印章60余枚。

崂山茶文化博物馆内还摆放着山东嘉祥出土的汉画像石，五、六十年代山东省委关于南茶北移的文件（复印件）、南茶北移以来的制茶工具、茶农清晨采茶的场景、崂山茶文化及崂山茶传说，特别是北方传统饮茶用具，清末民初的八仙桌和崂山茶的制作工艺史物展设等。

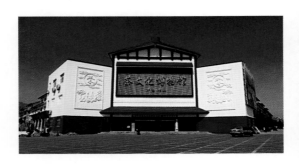

WEDNESDAY. JUL 18, 2018

2018 年 7 月 18 日

农历戊戌年·六月初六

星期三

七月十八日

祁红博物馆

祁红博物馆是一家祁门红茶主题体验博物馆，位于安徽省黄山市祁门县华扬工业园区祥源祁红产业文化博览园。是由安徽省祁门县祁红茶叶有限公司向民政部门申请设立，祥源控股斥资兴建，总建筑面积6000余平方米。2015年6月起向公众开放。

祁红博物馆馆内设资料茶史馆、茶艺馆、表演车间等，是一个集采摘、制作加工、品茗、购茶于一体的多功能综合旅游休闲度假区。项目包括多媒体厅、文化展示厅和体验厅等。祁红博物馆分为"千年一叶、神奇茶境、精工细作、风云际会、蜚声四海、红色梦想、品饮时尚"七大展厅，概要而系统展示了祁门红茶的创制源流、产区密码、工艺技术、前辈先贤、历史荣光、百年传奇。照片资料100余件，历史茶样、茶器、制茶工具展品70余件。挂牌有"祁门红茶研究会"，编著有《祁门红茶——茶中贵族的百年传奇》。

THURSDAY. JUL 19, 2018

2018 年 7 月 19 日

农历戊戌年·六月初七

星期四

七月十九日

🦢 今日记录

《品茶要录》

《品茶要录》是我国首部茶叶检验专著。黄儒著于宋代熙宁八年（公元 1075 年）。黄儒，字道辅，建安人（今福建建瓯）。《品茶要录》全书约 1900 字。全书十篇，一至九篇论述制造茶叶过程中应当避免的采制过时、混入杂物、蒸不熟、蒸过熟，烤焦等问题；第十篇讨论选择地理条件的重要。作者对于茶叶采制不当对品质的影响及如何鉴别审评茶的品质，提出了十种说法。本书细致研究茶叶采制得失对品质的影响，提出对茶叶欣赏鉴别的标准，对审评茶叶仍有一定参考价值。

《品茶要录》是我国首部茶叶检验专著，原因有三：其一，《品茶要录》的撰写宗旨非常明确，检验的内容、目的及体例均表明它是一本真正的茶叶检验专著。其二，有比较完整的检验方法和手段。对茶叶的色、香、味、形，建立了比较系统和综合的评鉴方法。其三，专业性强。从内容看，表现在对制茶工艺的熟知，对审评技巧的把握。从书中内容分析可知，《品茶要录》在汲取传统的茶叶鉴别方法的基础上，进一步使之充实和系统化，并强化了茶叶检验的理论形式。《品茶要录》，是茶叶检验走向专业化和系统化的一个重要标志。

《品茶要录》流传甚广。如宋人熊蕃在《宣和北苑贡茶录》中有记载，在宋徽宗的《大观茶论》等著作中也有引用。《品茶要录》在宋元明清各代均有版本存世，说明此书流传有序，为时人所重。

《品茶要录》（宋）黄儒

FRIDAY. JUL 20, 2018

2018 年 7 月 20 日

农历戊戌年·六月初八

星期五

七月二十日

今日记录

松阳银猴

松阳银猴，绿茶类，产自浙江省遂昌、松阳两县，创制于 20 世纪 80 年代初。

3 月上、中旬开始采摘。采用多毫型福云品系良种茶树鲜叶为原料，选用鲜叶标准是 1 芽 1 叶初展，要求芽长于叶，大小整齐，嫩度一致。

制茶工艺工序是摊放、杀青、揉捻、造型、烘干等。

成品松阳银猴茶叶的外形是条索肥壮，满披银毫，香高持久，滋味浓鲜，汤色清澈嫩绿，叶底嫩绿成朵，匀齐明亮。特别因其外形条索卷曲似猴爪、白毫披挂如镀银的品质特征，而得名银猴。

冲泡松阳银猴时，茶与水的比例为 1：50，投茶量 3 克，水 150 克(水 150 毫升)；主要泡茶具首选"三才碗"(盖碗)，也可用玻璃杯、紫砂壶、瓷壶；适宜用水开沸点，静候待水温降至摄氏 80 度（℃）时冲泡茶叶。

图片来源：《中国茶谱》

SATURDAY. JUL 21, 2018

2018 年 7 月 21 日

农历戊戌年 · 六月初九

星期六

七月二十一日

 今日记录

太平猴魁

太平猴魁，绿茶类，产于安徽省黄山市黄山区（原太平县）新民、龙门一带，为历史名茶。

谷雨期间 20 天左右的采摘期。采用柿大茶群体种鲜叶为主要原料，选用鲜叶标准是 1 芽 3~4 叶，回来后精选成 1 芽 2 叶，进行摊凉。

制茶工艺工序是杀青和烘干。杀青选用平口深锅，用木炭做燃料，要求杀青均匀，老而不焦，无黑泡、白泡和焦边现象；烘干又分子烘、老烘和打老火 3 个过程。

成品太平猴魁茶叶的外形两叶抱芽、平扁挺直、自然舒展、白毫隐伏，有"猴魁两头尖，不散不翘不卷边"之称，芽叶肥硕、重实、匀齐，叶色苍绿匀润，叶脉绿中隐红，俗称"红丝线"，兰香高爽、滋味醇厚回甘，香味有独特的"猴韵"，茶汤清亮明绿，叶底嫩绿匀亮，芽叶肥壮成朵。太平猴魁按品质级为太平猴魁、魁尖和尖茶 3 个品目。

冲泡太平猴魁时，茶与水的比例为 1：50，投茶量 3 克，水 150 克（水 150 毫升）；主要泡茶具首选无色透明玻璃杯（采用下投法，先注水四分之一浸润，半分钟后加至杯的五分之四，不用盖），也可用"三才碗"（顺茶碗边注水，不加茶盖）；适宜用水开沸点，静候待水温降至摄氏85 度（℃）时冲泡茶叶。

图片来源：《中国茶谱》

星期日

七月二十二日

 今日记录

茶和二十四节气时令·大暑

"大暑"是每年二十四节气中的第 12 个节气。大暑节气是一年中日照最多、气温最高的季节，全国大部份地区干旱少雨，最炎热到了酷热气温，民谚有"小暑大暑，上蒸下煮"。

"大暑"节气里，喝什么茶？大暑时节高温酷热，需补脾健胃，且多进入适温静室品茶。适宜饮黄茶（蒙顶黄芽、君山银针等）、黑茶（普洱生茶、安化天尖）、乌龙茶（武夷岩茶、漳平水仙、台湾乌龙、凤凰单丛）。少喝夏茶绿茶。

星期一

七月二十三日 大暑

今日记录

大暑茶

大暑后立秋前采摘的茶叶叫大暑茶。

"大暑"与"小暑"一样，都是反映夏季炎热程度的节令的继续和扩大，"大暑"是一年中日照最长、气温最高的最炎热季节。《管子》中说："大暑至，万物荣华。"这是草木灌浆时期，为秋收"阳"气十足。此时节正是喜温作物包括茶树生长速度最快时期。大暑呈现天地水气交融的鼎盛状态，大暑茶截取的是天地交融强烈的大自然时空能量。采摘大暑茶，茶农是利用凉爽的早晨抢时间采摘，一天中采摘时间很短。大暑茶的品味先微苦，后反甘，醇香回荡于口鼻。

"大暑茶"属秋茶。秋茶，泛指小暑、大暑和秋季采制的茶叶，用小暑、大暑和秋季采制的茶叶沏泡的茶（水、汤）。按节气分，小暑、大暑、立秋、处暑、白露、秋分、寒露采制的茶为秋茶；按时间分，6月初至7月上旬采制的茶为夏茶，7月中旬以后采制的为秋茶。之后，一般只有我国华南茶区，由于地处热带，四季不大分明，还有茶叶采制。

秋茶的特征：干看（冲泡前）成品茶，茶叶大小不一，叶张轻薄瘦小；绿茶色泽黄绿，红茶色泽暗红；且茶叶香气平和。湿看（冲泡后）成品茶，香气不高，滋味淡薄，叶底夹有铜绿色叶芽，叶张大小不一，对夹叶多，叶缘锯齿明显。

TUESDAY. JUL 24, 2018

2018 年 7 月 24 日

农历戊戌年·六月十二

星期二

七月二十四日

🕊 今日记录

开化龙顶

开化龙顶，简称龙顶，绿茶类，产于浙江省开化县齐溪乡的大龙山、苏庄镇的石耳山、张湾乡等地。历史名茶。明代曾列贡茶。恢复生产于20世纪70年代末。

清明开始采摘。选用鲜叶标准是肥嫩的单芽、1芽1叶或1芽2叶初展，要求长叶形、发芽早、色深绿、多茸毛、叶质柔厚。

制茶工艺工序是杀青、揉捻、初烘、理条、烘干等。

开化龙顶有春茶、夏茶、秋茶。成品开化龙顶茶叶的外形是条索紧直挺秀，色泽绿翠，内质香高持久，并伴有幽兰清香；汤色杏绿、清澈、明亮，滋味清高、甘鲜醇爽；叶底肥嫩、匀齐、成朵。

冲泡开化龙顶时，茶与水的比例为1∶50，投茶量3克，水150克（水150毫升）；主要泡茶具首选玻璃杯，也可用"三才碗"（盖碗）；适宜用开水，静候待水温降至摄氏85度（℃）时冲泡茶叶。

图片来源：《中国茶谱》

WEDNESDAY. JUL 25，2018
2018 年 7 月 25 日
农历戊戌年·六月十三

星期三

七月二十五日

今日记录

天山绿茶

天山绿茶，绿茶类，产于福建省天山山脉的洋中、霍童等乡镇（属宁德市），为历史名茶。

4月上旬开园采摘。选用鲜叶标准是采1芽2~3叶。

制茶工艺工序是摊放、杀青、揉捻、烘焙，制成毛茶。

成品天山绿茶的外形有针、圆、扁、曲形状各异的天山毛尖、四季春、清水绿、迎春绿、白玉螺、毫芽、翠芽、银针、银芽、松针、雀舌、螺茗、松子茶、龙珠、绣球、明前早、雨前绿等20个产品。具有香高、味浓、色翠、耐泡四大特点。尤其是里、中、外天山所产的绿茶品质更佳，称之"正天山绿茶"。由于天山有七座山峰，故有"七峰茶"之称。

冲泡天山绿茶时，茶与水的比例为1∶60，投茶量3克，水180克（水180毫升）；主要泡茶具首选无色透明玻璃杯（采用上投法，先注水五分之三的开水，而后投入茶叶，半分钟后加至杯的五分之四，加用盖），也可用"三才碗"（顺茶碗边注水后，加茶盖）；适宜用水开沸点，静候待水温降至摄氏85~90度（℃）时才用于泡茶叶。

图片来源：《中国茶谱》

星期四

七月二十六日

 今日记录

《茶疏》

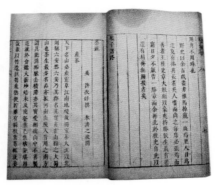

《茶疏》（明）许次纾

《茶疏》著作者明代许次纾（公元 1549~1604 年），字然明，号南华，明钱塘（今浙江杭州）人。他勤学好问，博学多闻，深得茶理，嗜茶成癖，在饮茶之间，吟诗诵词，自得其乐。

《茶疏》分 36 章节，分别为产茶、今古制法、采摘、炒茶、齐中制法、收藏、置顿、取用、包裹、日用置顿、择水、贮水、舀水、煮水器、火候、烹点、秤量、汤候、瓯注、荡涤、饮啜、论客、茶所、洗茶、童子、饮时、宜辍、不宜用、不宜近、良友、出游、权宜、虎林水、宜节、辨讹、考本等项。

《茶疏》是我国茶史上一部杰出的综合性茶著，对茶的生长环境、制茶工序、烹茶用具、烹茶技巧、汲泉泽水、饮茶场所、用茶礼俗、适宜饮茶的天时、人的心境等进行了详细的论述，具有珍贵的史料和文化价值，被誉为可与《茶经》想媲美的佳作。

FRIDAY. JUL 27, 2018

2018 年 7 月 27 日

农历戊戌年 · 六月十五

星期五

七月二十七日

今日记录

天柱剑毫

天柱剑毫，绿茶类，产于安徽省潜山县天柱山一带，创制于 1980 年。

4 月 5 日至 4 月 25 日采摘期。采摘鲜叶标准是 1 芽 1 叶初展，要求芽头肥壮、匀齐、多毫、节间短，色泽黄绿。

制茶工艺工序是杀青、炒坯、提毫、烘干。

成品天柱剑毫外形扁平挺直似剑，色泽嫩绿显毫，花香清雅持久，滋味鲜醇回甘，汤色碧绿明亮，叶底匀整嫩鲜。根据该茶"外形似剑、摘披白毫"的特点，1985 年定名为"天柱剑毫"。

冲泡天柱剑毫时，茶与水的比例为 1∶50，投茶量 3 克，水 150 克（水 150 毫升）；主要泡茶具首选无色透明玻璃杯（采用上投法，先注水五分之三的开水，而后投入茶叶，半分钟后加至杯的五分之四，加用盖），也可用"三才碗"（顺茶碗边注水后，加茶盖）；适宜用水开沸点，静候待水温降至摄氏 80 度（℃）时才用于泡茶叶。

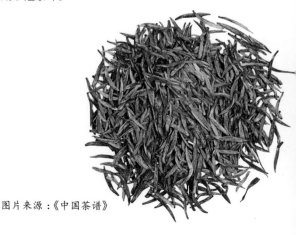

图片来源：《中国茶谱》

星期六

七月二十八日

今日记录

汀溪兰香

汀溪兰香，绿茶类，产于安徽省邑县汀溪乡，创制于1990年。

春茶、夏茶、秋茶季均有采摘。采用当地特有的中柳叶型茶树鲜叶为原料，采摘鲜叶标准1芽2叶初展芽叶，茶农形象地称为"一叶抱，二叶靠"。要求茶芽须肥壮完好，长约3厘米（cm），采茶时采用"提折"采，禁用指甲"捏采"及"一手抓采"，尽量避免损伤嫩叶。忌紧压、曝晒、雨淋鲜叶。上午十点钟前后所采的鲜叶分开制作。

制茶工艺工序是杀青、做形和烘焙。

成品汀溪兰香外形呈绣剪形，肥嫩挺直，色泽翠绿，匀润显毫；香气清纯，高爽持久，滋味鲜醇、甘爽耐泡，汤色嫩绿、清澈明亮；叶底嫩黄，匀整成朵。

冲泡汀溪兰香时，茶与水的比例为1：50，投茶量3克，水150克（水150毫升）；主要泡茶具首选无色透明玻璃杯（采用上投法，先注水五分之三的开水，而后投入茶叶，半分钟后加至杯的五分之四，加用盖），也可用"三才碗"（顺茶碗边注水后，加茶盖）；适宜用水开沸点，静候待水温降至摄氏85度（℃）时才用于泡茶叶。

图片来源：《中国茶谱》

星期日

七月二十九日

 今日记录

望海茶

望海茶，绿茶类，产于浙江省宁海县望海岗，创制于20世纪80年代。

清明后至谷雨前采摘。采用群体种茶树鲜叶为主要原料，选用鲜叶标准1芽1叶初展，要求茶芽紧裹，芽长于叶。

制茶工艺工序是杀青、揉捻、做形、初烘、复烘。

成品望海茶茶叶的外形细嫩挺秀，翠绿显毫；香气清香久，滋味鲜爽回甘，汤色清绿明亮；叶底芽叶成朵，嫩绿明亮，具有高山云雾茶的风韵。尤有色泽翠绿、汤色清绿、叶底嫩绿的"三绿"特色。

冲泡望海茶时，茶与水的比例为1∶50，投茶量3克，水150克（水150毫升）；主要泡茶具首选无色透明玻璃杯（采用上投法，先注水五分之三的开水，而后投入茶叶，半分钟后加至杯的五分之四，加用盖），也可用"三才碗"（顺茶碗边注水后，加茶盖）；适宜用水开沸点，静候待水温降至摄氏80度（℃）时才用于泡茶叶。

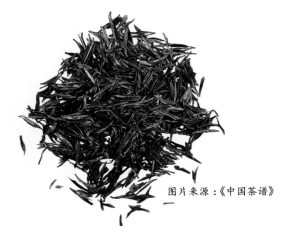

图片来源：《中国茶谱》

今日记录

温泉毫峰

温泉毫峰，绿茶类，产于湖北省咸宁市温泉，为新创名茶。

清明前开始采摘。采用多毫茶树良种茶树鲜叶为原料，选用鲜叶标准：特级茶采 1 芽 1 叶初展，一级茶采 1 芽 1 叶，二级茶采 1 芽 2 叶初展，三级茶采 1 芽 2 叶。要求采摘正常芽叶，不采单芽、粗老叶及病虫叶。

制茶工艺工序是摊放、杀青、揉捻、初干、整形、提毫、足干。

成品温泉毫峰茶叶外形是条索肥壮，满披白毫，色泽翠绿；香气清馨持久，汤色碧绿明亮，滋味清鲜爽口；叶底嫩绿明亮匀齐。

冲泡温泉毫峰时，茶与水的比例为 1∶50，投茶量 3 克，水 150 克（水 150 毫升）；主要泡茶具首选无色透明玻璃杯（采用上投法，先注水五分之三的开水，而后投入茶叶，半分钟后加至杯的五分之四，加用盖），也可用"三才碗"（顺茶碗边注水后，加茶盖）；适宜用水开沸点，静候待水温降至摄氏 80~85 度（℃）时才用于泡茶叶。注意根据温泉毫峰的不同等级掌握水温（特级茶、一级茶水温 80℃，二级茶、三级茶 85℃）。

图片来源：《中国茶谱》

今日记录

英德红茶

英德红茶，红茶类，产于广东省英德县，创制于 1964 年，为新创名茶。

春茶、夏茶、秋茶季均可采摘。采用云南大叶种、英红优质大叶红茶新品种的茶树鲜叶为原料，选用鲜叶的标准是 1 芽 2 叶、1 芽 3 叶。以夏、秋鲜叶为主。

制茶工艺工序是萎凋、揉捻、发酵、干燥。

成品英德红茶茶叶外形条索肥嫩紧实，色泽乌黑油润，金毫显露；内质香气鲜浓持久，滋味浓厚，收敛性强，汤色红艳明亮，叶底红匀明亮。

其中的金毫茶，金毫茶是英德红茶中的珍品，采用无污染生态茶园的英红九号、云南大叶种等品种的茶树鲜叶为原料，选用鲜叶标准为 1 芽 1 叶初展。成品金毫茶外形条索紧结，色泽红润，满披毫；香气清高，滋味浓醇鲜爽，汤色红艳。加入牛奶、糖等冲饮，风味更佳。

冲泡英德红茶时，茶与水的比例为 1：50，投茶量 3 克，水 150 克（水 150 毫升）；主要泡茶具首选"三才碗"（顺茶碗边缘缓缓注水后，加茶盖），也可用无色透明玻璃杯（采用下投法，先注水五分之一的开水，而后投入茶叶，半分钟后加至杯的五分之四，加用盖）；适宜用水开沸点，静候待水温降至摄氏 90~95 度（℃）时才用于泡茶叶。1~5 秒出汤。

图片来源：《中国茶谱》

WEDNESDAY. AUG 1, 2018

2018 年 8 月 1 日

农历戊戌年·六月二十

星期三

今日记录

煮茶图

煮茶图（明）丁云鹏　纵140.5厘米，横57.8厘米　无锡市博物馆收藏

图中描绘了卢仝坐榻上，榻边置一煮茶竹炉，炉上茶瓶正在煮水，榻前几上有茶罐、茶壶，置茶托上的茶碗等，旁有一须仆正蹲地取水。榻旁有一老婢双手端果盘正走过来。背景有盛开的白玉兰，假山石和花草。

THURSDAY. AUG 2, 2018

2018 年 8 月 2 日

农历戊戌年 · 六月廿一

星期四

八月二日

 今日记录

皎然最早提倡"茶道"

唐代皎然，字清昼，著名诗僧茶僧。善烹茶，作有茶诗丰富，与陆羽交往甚笃，常有诗文唱和酬赠。

皎然还是"茶道"一词的首提者。"茶道"一词，最早是皎然在《饮茶歌诮崔石使君》一诗中明确提出来并有论道。全诗为："越人遗我剡溪茗，采得金芽爨金鼎。素瓷雪色飘沫香，何似诸仙琼蕊浆。一饮涤昏寐，情思爽朗满天地；再饮清我神，忽如飞雨洒轻尘；三饮便是道，何须苦心破烦恼。此物清高世莫知，世人饮酒多自欺。愁看毕卓瓮间夜，笑向陶潜篱下时。崔侯啜之意不已，狂歌一曲惊人耳。孰知茶道全尔真，唯有丹丘得如此。"

诗中生动描绘了一饮、再饮、三饮茶的感受，咏唱的是茶的功效和饮茶上道的心理境界，从"涤昏寐"到"情思爽朗"，进而定"神"到身心"忽如飞雨洒轻尘"，达到心净心静，成为"精行俭德之人"，从而"便是道"。揭示了"茶道"，不但讲求表现形式，更注重精神内涵，把所倡导的道德和行为规范寓于饮茶的活动中。最后一句的直译是：如想要知道"茶道"的全部真谛，"唯有丹丘"子，才得以解释清楚。陆羽《茶经》有四记丹丘子，但是丹丘子只是传说的仙人，则此诗的这一句的喻意可以理解为：如想要知道"茶道"的全部真谛，"唯有"《茶经》才得以解释清楚。

FRIDAY. AUG 3, 2018

2018 年 8 月 3 日

农历戊戌年·六月廿二

星期五

八月三日

文君绿茶

文君绿茶，绿茶类，产于四川省邛崃市，创制于1979年。

春分至谷雨采摘。采用本地中小叶地方良种茶树鲜叶为原料，选用鲜叶标准1芽1叶，采摘要求包括"六不采"，不采雨露叶、紫芽叶、病虫叶、焦边叶、对夹叶、不符合标准叶；"两不带"，不带鱼叶、不带鳞片；"四做到"，轻采轻放、勤采勤放、手里不紧捏、筐内不紧压；"三防"，防止太阳照射、防止堆积发热、防止机械损失；"五及时"，及时运输、及时摊凉、及时翻动散热、及时选出不合格芽叶、及时付制。

制茶工艺工序是杀青、初揉、初烘、二揉、二炒、三揉、三炒、四揉、做形提毫、毛火、足火。

成品文君绿茶茶叶外形条索紧结卷曲，色泽翠绿油润、芽毫显露；嫩香浓郁持久，汤色碧绿清澈明亮，滋味鲜醇、爽口回甘；叶底嫩绿匀亮，芽叶完整

冲泡文君绿茶时，茶与水的比例为1：50，投茶量3克，水150克（水150毫升）；主要泡茶具首选无色透明玻璃杯（采用上投法，先注水五分之三的开水，而后投入茶叶，半分钟后加至杯的五分之四，加用盖），也可用"三才碗"（顺茶碗边注水后，加茶盖）；适宜用水开沸点，静候待水温降至摄氏80度（℃）时才用于泡茶叶。

图片来源：《中国茶谱》

SATURDAY. AUG 4, 2018

2018 年 8 月 4 日

农历戊戌年·六月廿三

 今日记录

乌金吐翠

乌金吐翠，绿茶类，产于重庆市，为新创名茶。

清明前开始采摘。采用蜀永 71-1 茶树品种的茶树鲜叶为原料，选用鲜叶标准为独芽。

制茶工艺工序是鲜叶摊放、杀青、做形、辉锅、干燥。

成品乌金吐翠茶叶外形扁平光直、色泽乌绿亮润，状若乌金；栗香浓郁持久，汤色清澈明亮，滋味醇爽回甘。

冲泡乌金吐翠时，茶与水的比例为 1：50，投茶量 3 克，水 150 克（水 150 毫升）；主要泡茶具首选无色透明玻璃杯（采用上投法，先注水五分之三的开水，而后投入茶叶，半分钟后加至杯的五分之四，加用盖），也可用"三才碗"（顺茶碗边注水后，加茶盖）；适宜用水开沸点，静候待水温降至摄氏 75 度（℃）时才用于泡茶叶。

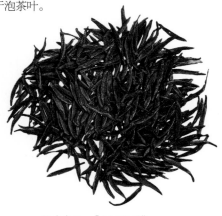

图片来源：《中国茶谱》

SUNDAY. AUG 5，2018

2018 年 8 月 5 日

农历戊戌年·六月廿四

八月五日

星期日

今日记录

五莲山茶

五莲山茶，绿茶类，产于山东省日照市五莲山周围，为新创名茶。

谷雨前开始采摘。选用龙井43、舒茶早等优良品种茶树鲜叶为原料，选用鲜叶标准正是1芽1叶初展为主和1芽2叶初展，分为特级、特一级；要求不采雨水叶、露水叶及病虫害叶，芽叶完整、匀净、新鲜。

制茶工艺工序是鲜叶摊放、杀青、整形理条、烘干。

成品五莲山茶茶叶外形紧直自然，色泽深绿，香气清香持久并有浓郁的兰花香，汤色嫩绿明亮，叶底嫩匀完整。

冲泡五莲山茶时，茶与水的比例为1：50，投茶量3克，水150克（水150毫升）；主要泡茶具首选"三才碗"（顺茶碗边注水后，加茶盖），也可用无色透明玻璃杯；适宜用水开沸点，静候待水温降至摄氏85度（℃）时才用于泡茶叶。

图片来源：《中国茶谱》

茶和二十四节气时令·立秋

"立秋"是每年二十四节气中的第 13 个节气。立秋一到，传统意义上的秋天从此开始了。从其气候特点看，立秋由于盛夏余热未消，秋阳肆虐，很多地区仍处于炎热之中，故民间历来有"秋老虎"之说。

"立秋"节气里，喝什么茶？立秋时节，应养脾胃，平抑过旺之肺气，保全元气。清暑除热化湿，忌讳大汗淋漓。适宜饮乌龙茶（武夷岩茶、安溪铁观音、凤凰单丛，均为上年秋茶鲜叶制作的成品茶）、黄茶（蒙顶黄芽、君山银针、霍山黄芽、平阳黄汤）、绿茶（恩施玉露，蒸青绿茶）。避免喝烫茶、大口茶，而以喝温茶、品茶为宜。

星期二

八月七日 立秋

立秋茶

立秋后处暑前采摘的茶叶叫立秋茶。

"立秋茶"当属秋茶。秋茶，泛指小暑、大暑和秋季采制的茶叶，用小暑、大暑和秋季采制的茶叶沏泡的茶（水、汤）。我国绝大部分产茶地区，茶树生长和茶叶采制是有季节性的。按节气分，小暑、大暑、立秋、处暑、白露、秋分、寒露采制的茶为秋茶；按时间分，6月初至7月上旬采制的茶为夏茶，7月中旬以后采制的为秋茶。之后，一般只有我国华南茶区，由于地处热带，四季不大分明，还有茶叶采制。

立秋之前茶树的生长繁荣茂盛。立秋之后，昼夜温差逐渐明显，空气干燥，阳光充足，闷热的气候有所收敛，早上不热，夜晚比较凉爽，茶树的生长明显减速，"茶园秋耕"正当其时。这段时间茶树的叶片增厚，内在的密度加强，茶的香味略显厚重。

立秋茶截取的是万物趋于成熟的大自然能量。

唐代白居易《立秋夕有怀梦得》诗有"梦得"夜饮立秋茶："露簟荻竹清，风扇蒲葵轻。一与故人别，再见新蝉鸣。是夕凉飙起，闲境入幽情。回灯见栖鹤，隔竹闻吹笙。夜茶一两杓，秋吟三数声。所思渺千里，云水长洲城。"杓，字义同"勺"。

WEDNESDAY. AUG 8, 2018

2018 年 8 月 8 日

农历戊戌年·六月廿七

星期三

🖊 今日记录

茶旅游·安吉

龙王山品种园

黄杜茶园

安吉白茶祖

吴昌硕纪念馆

时效：二日游

主题：安吉白茶品茗之旅

点线：安吉——安吉白茶祖——龙王山品种园——龙王山茶厂——安吉竹贸城——安吉生态博物馆——吴昌硕纪念馆——帐篷客（黄杜茶园）

安吉白茶品茗之旅，游客不但可以一睹"安吉白茶祖"真容，还可以体验茶叶鲜叶的采摘，感受茶树的生长环境，现场学习制作安吉白茶，感受手工制茶与现代化流水线茶叶加工的不同特点。此外，还可以体验安吉竹制品文化，游览安吉生态博物馆、吴昌硕纪念馆，前往欣赏黄杜茶园白天与夜晚绽放的不同光彩。

星期四

八月九日

 今日记录

鲁西茶文化博物馆

鲁西茶文化博物馆是一家茶文化专业类博物馆，位于山东省聊城市水上古城南大街戏曲文化博物馆西邻。向公众开放。

鲁西茶文化博物馆藏品分为茶品、物品、茶器、字画四大类，有相关珍稀藏品近 1000 余件。通过陈列茶品、茶器、茶事、茶诗画，展现茶艺、茶歌、茶曲、茶舞，举办茶艺节等形式和活动，打造江北水城独特的茶文化。茶文化创意为饮茶活动过程中形成的文化特征，包括茶道、茶德、茶精神、茶联、茶书、茶具、茶画、茶学、茶故事、茶艺等等。走进茶文化博物馆，不仅有茶道、香道、琴道等各类表演供游人欣赏，而且有现场制作紫砂壶、炒制茶叶等体验活动。

鲁西茶文化博物馆茶书院内展有吴昌硕、齐白石、张大千、徐悲鸿、潘天寿、吴冠中等大师的精品。张大千大师的巨幅作品《松下观瀑图》齐白石的《借山图册》等众多精品力作陈列于此。

FRIDAY. AUG 10, 2018

2018 年 8 月 10 日

农历戊戌年·六月廿九

星期五

八月十日

午子仙毫

午子仙毫，绿茶类，产于陕西省西乡县，创制于 1984 年。

清明前至谷雨后 10 天采摘。选用鲜叶标准 1 芽 2 叶初展，要求采摘正常芽叶，不采单芽、粗老叶及病虫叶。

制茶工艺工序是摊放、杀青、初干做形、烘焙、拣剔和复火焙香。

成品午子仙毫茶叶形似兰花，色泽翠绿鲜润，有自毫；栗香持久，汤色清澈明亮，滋味醇厚，爽口回甘；叶底全芽、厚实、嫩匀、绿明亮。

冲泡午子仙毫时，茶与水的比例为 1∶50，投茶量 3 克，水 150 克（水 150 毫升）；主要泡茶具首选无色透明玻璃杯（采用下投法，先注水五分之一的开水，而后投入茶叶，半分钟后加至杯的五分之四，加用盖），也可用"三才碗"（顺茶碗边注水后，加茶盖）；适宜用水开沸点，静候待水温降至摄氏 85 度（℃）时才用于泡茶叶。

图片来源：《中国茶谱》

SATURDAY. AUG 11, 2018

2018 年 8 月 11 日

农历戊戌年·七月初一

星期六

八月十一日

 今日记录

茶旅游·湄潭

天下第一茶壶公园

浙大旧址

十里桃花江

万亩茶海（核桃坝）

时效：一日游

主题：万亩茶海清心品茗之旅

点线：贵阳—湄潭——十里桃花江——中国茶城博物馆——天下第一茶壶公园——万亩茶海（核桃坝）湄潭翠芽茶——浙大旧址——田家沟——七彩部落——凤冈（茶海之心、仙人岭）

贵州独特的山地和气候，处处可以种植好茶，茶园也各有特色。黔北的湄潭、凤冈是贵州现代茶业起步较早，产业发展较为成熟的茶叶主产县，茶园面积大、集中度高、产品丰富、产业链长、茶文化氛围较为浓厚。贵州的茶文化在此地得到大力的张扬，观茶景、品茶餐、住茶居都是不错的方式。湄潭和凤冈的茶园规模大，基础设施完善，茶园多建立的丘陵和缓坡之上，远观连绵起伏看不到尽头，近看林中有茶、茶中有林，置身其中，漫步茶园中的小栈道，还有鸟语花香。茶园的可体验制茶、可寻一处农家乐住下，体验恬静、惬意的茶乡生活。

八月十二日

西山茶

西山茶，绿茶类，产于广西桂平市西山一带，创制于清代，为历史名茶。清光绪《浔州府志》载："西山茶以嫩、翠、香、鲜为特色。"

2 月下旬至 3 月初开始采摘。选用鲜叶标准 1 芽 1~2 叶，长度不超过 4cm，要求鲜叶匀净新鲜。

制茶工艺工序是摊青、杀青、炒揉、炒条、烘焙、复烘。

成品西山茶茶叶条索紧结匀齐，色泽翠绿油润，幽香芳芳；汤色碧绿清澈，滋味鲜甘，口齿流香，沁人心脾；叶底嫩绿、匀亮。

冲泡西山茶时，茶与水的比例为 1：50，投茶量 3 克，水 150 克（水 150 毫升）；主要泡茶具首选无色透明玻璃杯（采用下投法，先注水五分之一的开水，而后投入茶叶，半分钟后加至杯的五分之四，加用盖），也可用"三才碗"（顺茶碗边注水后，加茶盖）；适宜用水开沸点，静候待水温降至摄氏 85 度（℃）时用于泡茶叶

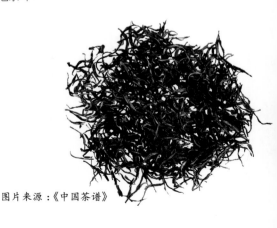

图片来源：《中国茶谱》

MONDAY. AUG 13, 2018

2018 年 8 月 13 日

农历戊戌年 · 七月初三

星期一

八月十三日

 今日记录

香山贡茶

香山贡茶，绿茶类，产于重庆市奉节县白帝、新民、尖峰三乡镇的香山一带，创制于 1991 年。奉节古称夔州，陆羽《茶经》记载产茶的四十二州中就有夔州。《奉节县志》载："香山寺在县东南三十里，麝香山上产香山茶。"

清明前采摘。采用四川中小叶种茶树鲜叶为原料，选用鲜叶的标准是 1 芽 1 叶初展。

制茶工艺工序是杀青、揉捻、初烘、整形、拣易、足火。

成品香山贡茶茶叶外形条索紧秀匀直，锋苗显露，白毫隐翠；香气浓郁持久，滋味鲜爽回甘，汤色嫩绿清澈；叶底黄绿、明亮、匀整。

冲泡香山贡茶时，茶与水的比例为 1∶50，投茶量 3 克，水 150 克（水 150 毫升）；主要泡茶具首选"三才碗"（顺茶碗边注水后，加茶盖），也可用无色透明玻璃杯；适宜用水开沸点，静候待水温降至摄氏 80 度（℃）时才用于泡茶叶。

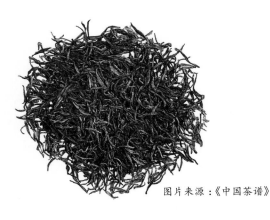

图片来源：《中国茶谱》

星期二

八月十四日

唐代白釉茶具

这套白釉茶具，出土于河南洛阳，系明器，由茶碾、茶炉、茶釜及茶盏托组合而成。基本反映了唐代饮茶的流程，即：以茶碾碾茶，以风炉及茶釜煮茶，以盏托饮茶。（中国茶叶博物馆馆藏）

WEDNESDAY. AUG 15，2018

2018 年 8 月 15 日

农历戊戌年·七月初五

星期三

 今日记录

茶旅游·青岛·崂山

崂山风景区

崂山茶园

青岛万里江茶博物馆

青岛崂山茶文化博物馆

时效：一日游

主题：崂山茶文化之旅

点线：崂山风景区——青岛崂山茶文化博物馆——青岛万里江茶博物馆——崂山茶园

崂山，是"海上第一名山"，有"神仙宅窟""道教全真天下第二丛林"之美誉。独特的地理环境，肥沃的土地，优质的水源培育出的崂山茶，色、香、味、形俱佳，名扬海内外。

崂山种茶已有悠久的历史。崂山茶相传原由宋代丘处机，明代张三丰等崂山道士自江南移植，亲手培植而成，数百年为崂山道观之养生珍品。清顾炎武曾品茶咏诗赞崂山，蒲松龄曾饮茶《聊斋》写绛雪。

星期四

八月十六日

 今日记录

七夕节

农历七月初七是七夕节，又名乞巧节、七巧节。七夕始于汉朝，是流行于中国及汉字文化圈诸国的传统文化节日。相传农历七月七日夜或七月六日夜妇女在庭院向织女星乞求智巧，故称为"乞巧"。其起源于对自然的崇拜及妇女穿针乞巧，后被赋予了牛郎织女的传说使其成为象征爱情的节日。七夕节，女子穿针乞巧、"拜织女"、陈列花果等诸多习俗影响至日本、朝鲜半岛、越南等汉字文化圈国家。

"拜织女"。月光下摆一张桌子，桌子上置茶、酒、水果、五子（桂圆、红枣、榛子、花生，瓜子）等祭品，又有鲜花几朵、束红纸、插瓶子里，花前置一个小香炉。于案前焚香礼拜后，大家一起围坐在桌前，一面吃花生，瓜子，喝茶，一面朝着织女星座，默念自己的心事。

"吃巧果"。又名"乞巧果子"，七夕乞巧的应节食品，以巧果最为出名，款式极多。主要的材料是油、面、糖、蜜。

"拜织女"、"吃巧果"的选用茶，好办！"青春少年是样样红"，绿茶、白茶、黄茶、青茶、红茶、黑茶、花茶都适宜。

FRIDAY. AUG 17, 2018

2018 年 8 月 17 日

农历戊戌年 · 七月初七

星期五

八月十七日

今日记录

茶旅游·峨眉山

时效：二日游

主题：峨眉山茶禅品茗之旅

点线：成都——峨眉山——茶马古道——千亩高山林间茶——大佛禅院——圆觉山房——清音阁——万年雪芽坊——万年寺——金顶——黑水雪芽基地

亮点：入住成都首家茶文化主题酒店，品味峨眉雪芽的独特魅力；到宽窄巷子品茶、锦里尝美食，感受成都人悠闲自在的生活；峨眉山体验一山有四季，十里不同天的美景；观金顶四大奇观，朝拜十方普贤。

千亩高山林间茶

圆觉山房

万年雪芽坊

峨嵋金顶

SATURDAY. AUG 18, 2018

2018 年 8 月 18 日

农历戊戌年 · 七月初八

 今日记录

叙府龙芽

叙府龙芽，绿茶类，产于四川省直宾市五指山，创制于 1998 年。

2 月中旬至 5 月上中旬采摘。采用当地早白尖群体品种（也可用川群种、福鼎群体种）茶树鲜叶为原料，选用鲜叶标准是优质独芽。

制茶工艺工序是杀青、初烘、理条、做形、脱毫（快速滚炒）、辉锅提香。

成品叙府龙芽茶叶外形挺秀匀直，色泽翠绿油润，香气浓郁持久，汤色淡绿清澈，滋味鲜醇爽口，叶底嫩绿明亮。

冲泡叙府龙芽时，茶与水的比例为 1∶50，投茶量 3 克，水 150 克（水 150 毫升）；主要泡茶具首选无色透明玻璃杯（采用上投法，先注水五分之三的开水，而后投入茶叶，半分钟后加注水至杯的五分之四，不用加盖），也可用"三才碗"（顺茶碗边注水后，加茶盖）；适宜用水开沸点，静候待水温降至摄氏 80 度（℃）时才用于泡茶叶。

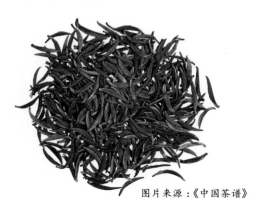

图片来源：《中国茶谱》

SUNDAY. AUG 19, 2018

2018 年 8 月 19 日

农历戊戌年·七月初九

星期日

八月十九日

今日记录

茶旅游·焦作云台山

泉瀑峡

潭瀑峡

云台山

茱萸峰

时效：一日游

主题：山水诗情茶之旅

点线：郑州——云台山——红石峡——潭瀑峡、泉瀑
峡——茱萸峰

MONDAY. AUG 20，2018

2018 年 8 月 20 日

农历戊戌年·七月初十

星期一

八月二十日

🍃 今日记录

雪青

雪青，绿茶类，产于山东省日照市东港区，为新创名茶。"雪青"，因采用寒冬过去茶树返青后第一次采集的茶叶所制得名。后统一归名为"日照绿"茶。

4月下旬开始采摘。选用鲜叶标准为1芽1叶初展，采摘时做到"四不采"，即紫芽叶、病虫叶、雨水叶、露水叶不采。要求芽叶完整，大小一致，色泽一致，匀净、新鲜。

制茶工艺工序是摊青，杀青，搓条，提毫，摊凉，烘干。

成品雪青茶叶外形条索色泽深绿，条索紧细，白毫显露；清香持久，滋味鲜爽厚醇，汤色清澈明亮；叶底嫩绿明亮。具有"叶片厚、滋味浓、香气高、耐冲泡"的特色。

冲泡雪青时，茶与水的比例为1∶50，投茶量3克，水150克(水150毫升)；主要泡茶具首选"三才碗"(顺茶碗边注水后，加茶盖)，也可用无色透明玻璃杯；适宜用水开沸点，静候待水温降至摄氏80度（℃）时才用于泡茶叶。

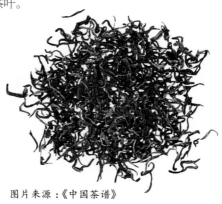

图片来源：《中国茶谱》

TUESDAY. AUG 21，2018

2018 年 8 月 21 日

农历戊戌年·七月十一

星期二

 今日记录

雪水云绿

雪水云绿，绿茶类，产于浙江省桐庐县（新合、钟山、分水、百江、合村、瑶琳、凤川、横村及富春江），创制于1987年。雪水云绿原料茶树生长在云雾缭绕的高山上，"剪一片云绿，煮一壶雪水"，故称"雪水云绿"。陆羽《茶经》中载有"睦州茶产于桐庐山谷中"。有范仲淹诗《鸠坑茶》："潇洒桐庐郡，春山半是茶。轻雷何好事，惊起雨前芽"。

春茶季、夏茶季均有采摘。采用迎霜、早逢春、浙农117等良种和当地野生茶树鲜叶为原料，选用鲜叶标准为含苞未放的壮实单芽，芽匀齐肥壮，不带鱼叶、单片、茶蒂，无病虫斑。

制茶工艺工序是摊青、杀青、初烘理条、整形、复烘、辉锅提香等。

成品雪水云绿以色、香、味、形俱佳而见长，它形似莲芯，玉质透嫩绿，茸毫隐翠，清香高锐，滋味鲜醇，汤色清澈明亮，叶底挺而匀、绿亮。

冲泡雪水云绿时，茶与水的比例为1：50，投茶量3克，水150克（水150毫升）；主要泡茶具首选无色透明玻璃杯（采用下投法，先注水五分之一的开水，而后投入茶叶，半分钟后加注水至杯的五分之四，不用加盖），也可用"三才碗"（顺茶碗边注水后，加茶盖）；适宜用水开沸点，静候待水温降至摄氏80度（℃）时才用于泡茶叶。

图片来源：《中国茶谱》

WEDNESDAY. AUG 22，2018

2018 年 8 月 22 日

农历戊戌年 · 七月十二

 今日记录

茶和二十四节气时令·处暑

"处暑"是每年二十四节气中的第 14 个节气。"处暑"也就是暑气到此时开始退去，"处"有"退"、"止"的意思。处暑，一年之中秋高气爽的季节到来了，气温下降逐渐明显。第二次秋茶采摘历经大暑、立秋、处暑三个节气，"处暑"是最后一个时节。

"处暑"节气里，喝什么茶？处暑时节，顺应秋收之气注重滋阴润肺、健脾安神，使肺气清，避免心生烦躁。适宜饮红茶、黑茶（普洱熟茶、方砖茶，均在 5 年以上）、白茶（白牡丹、寿眉，均在 3 年以上）。

星期四

八月二十三日 处暑

今日记录

处暑茶

处暑后白露前采摘的茶叶叫处暑茶，也称：暑茶。

处暑后，北方冷空气南下次数增多，湿气渐退。此时空气中透着清爽，昼夜的温差开始显明，草木处于一个稳定的收敛状态，茶树的生长明显缓慢，暑茶因天气炎热，直射光强，茶多酚与氨基酸的比值大，茶叶的厚度、色深进一步加强，色泽乌暗灰燥，没有光泽，茶味苦、涩渐浓。暑茶截取的是湿去燥来的大自然能量。冲泡"暑茶"，更能体会"水为茶之母"。

"处暑茶"属秋茶。秋茶，泛指小暑、大暑和秋季采制的茶叶，用小暑、大暑和秋季采制的茶叶沏泡的茶（水、汤）。按节气分，小暑、大暑、立秋、处暑、白露、秋分、寒露采制的茶为秋茶；按时间分，6 月初至 7 月上旬采制的茶为夏茶，7 月中旬以后采制的为秋茶。之后，一般只有我国华南茶区，由于地处热带，四季不大分明，还有茶叶采制。

秋茶的特征：干看（冲泡前）成品茶，茶叶大小不一，叶张轻薄瘦小；绿茶色泽黄绿，红茶色泽暗红；且茶叶香气平和。湿看（冲泡后）成品茶，香气不高，滋味淡薄，叶底夹有铜绿色叶芽，叶张大小不一，对夹叶多，叶缘锯齿明显。

FRIDAY. AUG 24, 2018

2018 年 8 月 24 日

农历戊戌年 · 七月十四

星期五

 今日记录

妇人饮茶听曲图（辽）

辽韩师训墓壁画 —— 妇人饮茶听曲图（辽）河北宣化下八
里韩师训墓出土

壁画右侧一女人正端杯饮茶，桌上还有几盘茶点，左
侧有人弹琴，形象逼真。

SATURDAY. AUG 25, 2018

2018 年 8 月 25 日

农历戊戌年·七月十五

星期六

八月二十五日 中元节

 今日记录

雁荡毛峰

雁荡毛峰，绿茶类，产于浙江省乐清市雁荡山，创制于 1979 年。雁荡毛峰茶又名雁荡云雾茶，古称"雁茗"，相传在晋代由高僧诺讵那传来雁荡毛峰，宋代沈括几次考察雁荡，雁茗之名开始传播四方。明代，雁茗列为贡品，明代《乐清县志》载："近山多有茶，唯雁山龙湫背清明采者为佳。"

清明至谷雨期间采摘。采用福鼎大白茶、翠峰、迎霜等多茸毛绿茶品种茶树鲜叶为原料，选用鲜叶标准为 1 芽 1 叶至 1 芽 2 叶初展，要求芽长于叶，芽肥叶厚。

制茶工艺工序是摊青、杀青、轻揉、炒二青（理条）、烘焙。

成品雁荡毛峰茶叶外形条索稍卷曲，芽叶肥壮，满披银毫，色泽绿翠；内质香高带嫩香、持久，滋味鲜醇爽口，回味甘甜，汤色嫩绿明亮，叶底嫩肥，嫩绿明亮。

冲泡雁荡毛峰时，茶与水的比例为 1：50，投茶量 3 克，水 150 克（水 150 毫升）；主要泡茶具首选无色透明玻璃杯（采用下投法，先注水五分之一的开水，而后投入茶叶，半分钟后加注水至杯的五分之四，加盖），也可用"三才碗"（顺茶碗边注水后，加茶盖）；适宜用水开沸点，静候待水温降至摄氏 85 度(℃)时才用于泡茶叶。

图片来源：《中国茶谱》

SUNDAY. AUG 26, 2018

2018 年 8 月 26 日

农历戊戌年·七月十六

星期日

 今日记录

碣滩茶

碣滩茶，绿茶类，产于湖南省武陵山沅水江畔的沅陵碣滩山区。碣滩茶，得名于唐，明代、清代称为"辰州碣滩茶"。

清明前后开始采摘。选用鲜叶标准是1芽1叶初展，要求芽叶嫩匀净鲜、整齐，做到五不采，三个一致：雨水叶、露水叶、虫伤叶、紫色叶、节间过长叶、开口的芽梢不采，芽头大小一致、老嫩一致、色泽一致。

制茶工艺工序是摊青、杀青、清风（摊凉）、揉捻、复炒整形、割脚摊凉、烘焙。

成品碣滩茶茶叶的外形是条索细紧卷曲，白毫显露，色泽绿润；汤色黄绿明亮，有毫浑，香气嫩香、持久，滋味醇爽、回甘；叶底嫩绿、整齐、明亮。

冲泡碣滩茶时，茶与水的比例为1∶50，投茶量3克，水150克(水150毫升)；主要泡茶具首选"三才碗"(盖碗)，也可用玻璃杯；适宜用开水，静候待水温降至摄氏80度（℃）时冲泡茶叶。

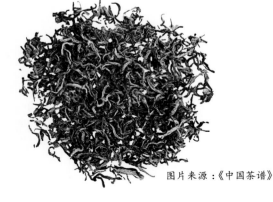

图片来源：《中国茶谱》

MONDAY. AUG 27, 2018

2018 年 8 月 27 日

农历戊戌年·七月十七

星期一

八月二十七日

茶谚·福安县种茶的谚语

茶林一年荒，二年黄，三年见阎王。

公惜孙，茶惜根。提示：垦复时一定注意不能伤茶根。

春茶留一芽，夏茶摘一把。

头茶不采，二茶不发。

一年老不了一个爸，一夜老了一坪茶。提示：要适时抓紧采芽茶。

清明茶正开芽，立夏茶粗沙沙。指：立夏茶干枯鲜茶叶（相对于清明茶）又厚又脆。

宰茶宰平头，露土枝莫留。提示：茶身砍至土平，露土枝条一根也不要留，这样来年才能发枝兴旺。

高山莫摘白露茶。提示：高山寒潮早到，如摘了白露茶，有伤元气，会影响来年产量。

头年栽，二年养，三年还本钱。

茶身三次脓，茶粕一次清。提示：茶树一年三次茂发盛长，要大胆砍枝修剪，还要把落地的茶籽和形成的植物脓死垃圾，一次性清除光。

TUESDAY. AUG 28, 2018

2018 年 8 月 28 日

农历戊戌年 · 七月十八

星期二

八月二十八日

今日记录

茶谚·福安县饮茶的谚语

天光一碗茶，药店无交家。天光：此处指清早起床；无交家：不用打交道。

年头三盅茶，官符药材无交家。年头：一年之始。三盅茶：这里应理解为供茶（三盅）。官符：凶神。

空心一碗茶，药店无交家。空心：没吃东西，空着肚子。

粗茶淡饭，多食无病。

食了明前茶，使人眼睛佳。当地的民俗：山村人习惯在清明前摘些茶芽冲泡给小孩喝，据说能起到保护眼睛的作用。

茶为君，水为臣。表明：水质对茶叶品尝的重要性，但好茶是首要。

WEDNESDAY. AUG 29，2018

2018 年 8 月 29 日

农历戊戌年·七月十九

星期三

八月二十九日

 今日记录

茶谚·福安县借茶的谚语

暝晡出红霞，无水烹茶。[暝晡：福安话（即闽东平话，含福州十邑及宁德市等地）中表示夜晚。指：想象都知道这是不可能的。]

茶瓶乞汤烫死——无这事。

无意冲茶半浮沉。（借用于：讽喻待客不诚，连茶叶都冲不开。）

食人一盅酒，腹肚结个纽，食人一碗茶，腹肚结个疤。

无茶难上供。（提示：以茶示礼敬是通常的礼素。）

客到莫嫌茶味淡，僧家不比世人堂。

橄榄泡茶两头甜。（释义：福安有橄榄泡茶的饮俗，清爽可口且有益于健康。此谚取"橄榄两头尖"的"尖"和"甜"的谐音讨个吉利的象征。）

柴米油盐酱醋茶，件件都在别人家。（指：昔日穷人生活的写照。）

茶哥米弟。（释义：福安人把茶看作比米还重要，客来先茶后饭，故称茶为哥称米为弟。也用于比喻人们之间的友好关系。）

茶米泡久味更浓。

有茶必有尿，有神必有庙。

THURSDAY. AUG 30, 2018

2018 年 8 月 30 日

农历戊戌年 · 七月二十

星期四

八月三十日

 今日记录

茶谚·福安县卖茶的谚语

茶季一到，没眠没昼。

春茶正开市，还赢猪仔二十二，未食一看也有味。

社口进去坦洋村，一村三十六家茶行。

茶是青山灵芝草。

高山茶，味道好；家酿酒，醉人多。

茶面乌碌碌，神仙看不出。（释义：形容茶质好坏，很难区别。）

光烟暗茶。（释义：烟叶在白天，茶叶在晚上成色显得格外好看，小商贩往往谙熟此道。）

三年陈茶好当药。[释义：山村人认为陈茶能帮助消化，故称为"积茶"。陈茶还可治湿疹（俗叫"冷瘭"），患者躺在被内，将陈茶放在火笼中薰蒸，以使"冷瘭"消退。]

一盅茶米不值钱，爬爬伏伏去半年。（提示：茶农之艰辛。）

星期五

八月三十一日

 今日记录

坦洋工夫

坦洋工夫，红茶类，系福建三大工夫茶之一，"闽红"工夫茶系政和工夫、坦洋工夫和白琳工夫的统称。产于福建省福安、柘荣、寿宁、周宁、霞浦等县（市），创制于清代后期，为历史名茶。

4月上中旬开始采摘。采用福鼎大白茶、福安大白茶品种茶树鲜叶为原料，选用鲜叶的标准是1芽2~3叶。要求进厂解叶分级摊放，按级付制。

制茶工艺工序是萎凋、揉捻、发酵、干燥。

成品坦洋工夫外形细长匀整，茶毫微显金黄，色泽乌润；内质香气高爽，汤色红亮，滋味浓厚，叶底红匀。

冲泡坦洋工夫时，茶与水的比例为1∶30，投茶量5克，水150克（水150毫升）；主要泡茶具首选"三才碗"（顺茶碗边缘缓缓注水后，加茶盖），也可用无色透明玻璃杯（采用下投法，先注水五分之一的开水，而后投入茶叶，半分钟后加至杯的五分之四，加用盖）；适宜用水开沸点，静候待水温降至摄氏85度（℃）时才用于泡茶叶。出汤在1~3秒以内。

SATURDAY. SEP 1, 2018

2018 年 9 月 1 日

农历戊戌年·七月廿二

今日记录

茶旅游 · 汉中

诸葛小镇

张骞纪念馆

西乡东裕枣园生态观光茶园

南沙湖风景区

时效：二日游

主题：汉中品茗之旅

点线：西安——汉中——西乡东裕枣园生态观光茶园——午子山——汉中历史博物馆——汉江——勉县——诸葛小镇——汉中——张骞故里城固县南沙湖风景区——五郎关古庙建筑群——回龙寺——山花万亩生态茶园——城固古路坝——丝路花海——张骞纪念馆——桔园景区

SUNDAY. SEP 2, 2018

2018 年 9 月 2 日

农历戊戌年 · 七月廿三

星期日

九月二日

今日记录

信阳毛尖

信阳毛尖，绿茶类，又称豫毛峰，产于河南省信阳市，主要产地在信阳市和新县，商城县及境内大别山一带，驰名产地是五云（车云、集云、云雾、天云、连云五座山）、两潭（黑龙潭、白龙潭）、一山（震雷山）、一寨（何家寨）、一寺（灵山寺）。为历史名茶。

清明前开始采摘。选用鲜叶标准是：特级采1芽1叶初展，一级1芽2叶初展，二级1芽2~3叶初展为主兼有2叶对夹叶，三级1芽2~3叶兼采较嫩的2叶对夹叶，四、五级采摘1芽3叶及2~3叶对夹叶。

制茶工艺工序是生锅、熟锅、初烘、摊凉、复烘、拣剔、再复烘。

成品信阳毛尖茶叶外形条索细、圆、紧、直，色泽翠绿，白毫显露；内质汤色嫩绿明亮，熟板栗香高长，滋味鲜浓，鲜爽回甘；叶底嫩绿匀整。

信阳毛尖，春茶、夏茶、秋茶采三季：谷雨前后采春茶，芒种前后采夏茶，立秋前后采秋茶。明前茶，清明前采制的茶叶，全是春天刚刚冒出的嫩芽头，芽头细小多毫，汤色明亮，喝有淡淡的香。谷雨茶，谷雨前采制的茶，茶叶含苞怒放的1芽1叶，味道稍微加重。春尾茶，春天末期（6月份）采制的茶，与明前茶、谷雨茶相比，耐泡好喝。夏茶，叶子泡出来比较大宽，茶水比较浓，味道微苦，耐泡。白露茶，不像春茶那样鲜嫩，不经泡，也不像夏茶那样干涩味苦，有一种独特甘醇清香味。

冲泡信阳毛尖时，茶与水的比例为1：60，投茶量3克，水180克（水180毫升）。泡茶水温摄氏85度（℃）。

星期一

九月三日

 今日记录

斗茶图卷（唐）

斗茶图卷　阎立本（唐）

这幅画生动地描绘了唐代民间斗茶的情景。画面上平民装束的人物，似三人为一组，各自身旁放着自己带来的茶具、茶炉及茶叶，左边三人中一人正在炉上煎茶，一卷袖人正持盏提壶将茶汤注入盏中，另一人手提茶壶似在夸耀自己茶叶的优异。右边三人中两人正在仔细品饮，一赤脚者腰间带有专门为盛装名茶的小茶盒，并且手持茶罐作研茶状，同时三人似乎都在注意听取对方的介绍，也准备发表斗茶高论。整个画面人物性格、神情刻画逼真，形象生动，再现了唐代某些产区已出现的斗茶情景。

TUESDAY. SEP 4, 2018

2018 年 9 月 4 日

农历戊戌年·七月廿五

星期二

九月四日

 今日记录

茶谚·安溪的茶谚

福建安溪县流传着一些茶叶与节气相关的民谚俗语，闽南语读起来非常押韵，朗朗上口，通俗易懂，便于理解记忆，因而世代相传，指导着茶农做好茶事劳动。

雨水春分，种茶伸根。

春茶谷雨五天过，赶紧要挽观音枞。（提示：春茶采摘时机。）

立夏过，茶叶没摘成柴片。（柴片：闽南语指木屑。）

七月挖银八挖金，霞月填土等入春，春雨鸣雷肥落地，清明谷雨有钱提。

寒露前后，制茶好泡。

寒露前七后八，合起刚好买。

十月小阳春，种茶好生根。（提示：安溪铁观音育苗、栽种分冬春两季。农历十月，立冬过后5~10天，小雪前后，茶树新芽未发，剪下长势好的苗穗扦插育苗，如果这个冬天雨水多，茶苗更易成活。冬种没有成活的茶园，春种补上，整个茶园就圆满。）

大雪冬至锄茶山，杂草除死才会干。（指：冬茶园管理主要集中在翻土、除草、下肥、灭虫等方面。春挖开，冬作堆，夏开沟，暑除草。）

WEDNESDAY. SEP 5, 2018

2018 年 9 月 5 日

农历戊戌年·七月廿六

星期三

九月五日

🕊 今日记录

安溪铁观音

安溪铁观音，青茶（乌龙茶）类，产于福建省安溪县，创制于清乾隆年间，为历史名茶。

一年四季皆可制茶，4月底至5月初开始采春茶，夏茶6月下旬采摘，暑茶一般于8月上旬采摘，至10月上旬采秋茶。采用铁观音茶树品种茶树鲜叶为原料，选用鲜叶的标准是驻芽3叶，俗称"开面采"（驻芽，驻芽：当新梢完全成熟时，叶面都展开了，顶芽转入休眠状态，驻停着活而细小的芽）。春、秋茶采摘1芽2~3叶，夏、暑茶采摘1芽3~4叶。

制茶工艺工序是晒青、凉青（或静置）、摇青、炒青、揉捻、初烘、初包揉、复烘、复包揉、足干。

成品安溪铁观音茶叶外形紧结沉重，色泽砂绿油润；内质香气馥郁、芬芳幽长可谓"七泡有余香"，滋味醇厚甘鲜，汤色金黄明亮，饮之齿颊留香，甘润生津。茶香带有兰花香味具有独特的风格，俗称"观音韵"。还有"春水秋香"之说。

冲泡安溪铁观音时，茶与水的比例为1∶14，投茶量7克，水100克（水100毫升）；主要泡茶具首选"三才碗"盖碗（投茶后，摇香，注水要快冲向茶碗，盖上茶盖），也可用紫砂壶（投茶后，注水要快冲向壶内，盖上壶盖）；适宜用水开沸点摄氏100度（℃）时冲泡茶叶。

图片来源：《中国茶谱》

今日记录

安溪三和茶文化博物馆

安溪三和茶文化博物馆，位于安溪县城东工业园区。是由三和集团承建。分为茶史长廊、百茶园、茶文化藏品、茶文化衍生藏品、千壶馆等 5 个展区。

第一展区"茶史长廊"，主要由茶史、皇帝与茶、贡茶、安溪茶史四大板块组成，通过展板形式，对中国古今茶叶做了详细全介绍。

第二展区"百茶园"，展示着各种茶类，包括绿茶、黄茶、红茶、白茶、青茶、黑茶等六大茶类，以及药茶、花草茶等再加工茶，茶样数量多达 300 种。

第三展区摆放的是茶文化藏品，有 12 个大柜。该展区以茶的"源、谱、经、传、品、哲、养、作、道、俗、器、承"为主题，从茶文化的各个角度、不同细节，来诠释和介绍茶文化。如茶之源，就介绍了茶树源、最早的茶诗、流传最久的茶歌、最早的茶字等。

第四展区主要是茶文化衍生藏品，包括：茶与书籍、茶与纸币、茶与邮票、茶与明信片、茶与信封、茶与火花、茶与烟标、茶与连环画、茶与磁卡等。

第五展区"千壶馆"，是各色各样的茶具。各种材质、各种器型的茶壶茶杯，展现的是不同地域、不同历史时期的饮茶方式，以及相应的茶壶茶具等。

FRIDAY. SEP 7, 2018

2018 年 9 月 7 日

农历戊戌年·七月廿八

星期五

九月七日

今日记录

茶和二十四节气时令·白露

"白露"是每年二十四节气中的第 15 个节气。白露的意思是夜间的凉气使露珠形成。白露之后，雨量减少，气温逐渐下降，早晚温差是一年中最大的，清晨草木上可见到白色露水。植物也需要为过冬而开始存储养份了。茶树，此时内含物的多糖类物质生成较多，在白露之后的气候条件下，茶叶内含物的生化演变非常的复杂，香气的构成也非常丰富。所谓的"春水秋香"，便是如此形成。一年之中，从白露之时，进入了秋茶的开采期。

"白露"节气里，喝什么茶？白露时节，顺应温补阳气，止咳化痰，养阴润肺，需防秋燥，滋阴益气。适宜饮乌龙茶（武夷岩茶、安溪铁观音、凤凰单丛、东方美人）、白茶（白牡丹、寿眉，均在 3 年以上）、红茶。

SATURDAY. SEP 8, 2018

2018 年 9 月 8 日

农历戊戌年·七月廿九

星期六

九月八日 白露

 今日记录

白露茶

白露后秋分前采摘的茶叶叫白露茶。属秋茶。

我国按节气分，小暑、大暑、立秋、处暑、白露、秋分、寒露采制的茶为秋茶；按时间分，7月中旬以后采制的为秋茶。秋茶，泛指小暑、大暑和秋季采制的茶叶，用小暑、大暑和秋季采制的茶叶沏泡的茶（水、汤）。

白露时节我国大部分地区秋高气爽，云淡风轻。北风南下频繁，大地积聚的热量被吹走，阴气渐重，露气越来越重，在植物上凝成白色水珠，故称"白露"。草木凝水，说明地表温度下降。白露时节茶树经过夏季的酷热，进入"白露秋风夜，一夜凉一夜"时节，此时正是它生长的最佳时期，茶叶味道浓厚，香醇并带苦涩。白露茶截取的是天地由暖变凉阶段的大自然能量。

白露茶属是秋茶（谷花茶）："立秋"后的"白露"随着降雨量的减少，天气也逐渐转凉了，这时就进入了秋茶的采摘重要季节了，同时茶花也基本含苞欲放了。秋茶从"白露"到"霜降"后"立冬"前采摘就结束了。

民间有"春茶苦，夏茶涩，要喝茶，秋白露"的说法。白露茶富有秋的特征：条索紧结粗大，稍显芽毫。色泽乌黑油润稍显灰带棕。汤色清亮。香气飘逸，多有松烟味，滋味纯和，茶汤入口柔和，苦、涩味稍重，口腔收敛性强。白露时节，换掉旧茶喝新茶，就是秋茶接续春茶。茶农待客就会选用白露茶。

SUNDAY. SEP 9, 2018

2018 年 9 月 9 日

农历戊戌年·七月三十

星期日

九月九日

 今日记录

"不知何许人也"？

陆羽（公元 733~804 年），字鸿渐，复州竟陵（今湖北省天门市）人，唐代著名的茶学家，一生嗜茶，考察茶事精于茶道，著世界第一部茶叶专著《茶经》而闻名于世，被誉为"茶仙"，后世尊为"茶圣"。

《陆文学自传》中，陆羽写道："（陆羽）字鸿渐，不知何许人，有仲宣、孟阳之貌陋；相如、子云之口吃。"陆羽还是一个被弃婴，《唐国史补》、《新唐书》和《唐才子传》都毫不隐讳。公元 733 年深秋的一个清晨，复州竟陵龙盖寺的智积禅师路过西郊一座小石桥，忽闻桥下群雁哀鸣泣声，走近一看，只见一群大雁正用翅膀护着一位婴儿，严霜中被冻得瑟瑟发抖的男婴，被智积禅师抱回寺中收养。

智积是唐代著名高僧，他与在龙盖山麓开学馆教授村童的儒士李公感情深厚。李公的女儿李季兰刚满周岁，受智积之托李公夫妇担负起哺育智积拾得的弃婴，就依着季兰的名字取名季疵，视作亲儿子一般。季疵和季兰同桌子吃饭，同一块草甸上玩耍，一晃长到七八岁光景，李公夫妇年事渐高，思乡之情日笃，一家三口返回故乡湖州。季疵回到龙盖寺，在智积身边煮茶奉水。智积有意栽培他，煞费苦心地为他占卦取名，以《易》占得"渐"卦，卦辞上说："鸿渐于陆，其羽可用为仪。"意思是鸿雁飞于天空，羽翼翩翩，雁阵齐整，四方皆为通途。定姓"陆"，取名"羽"，字"鸿渐"。智积还煮得一手好茶，让陆羽自幼学得了艺茶之术。十二岁那年，陆羽终于离开了龙盖寺。此后，陆羽在当地的戏班子里当过丑角演员，兼做编剧和作曲；因受到谪守（谪守：因罪贬谪流放，出任外官或守边）竟陵的李齐物赏识，拜火门山邹老夫子门下受业七年，直到十九岁那年才学成下山。

MONDAY. SEP 10, 2018

2018 年 9 月 10 日

农历戊戌年·八月初一

星期一

九月十日

今日记录

"羽诚有功于茶者也"

下了"火门山"，年仅十九岁的陆羽便心无旁骛，立志于对茶事的研究考察工作。全唐诗里收录了他著名的《六羡歌》："不羡黄金罍，不羡白玉杯；不羡朝入省，不羡暮入台；千羡万羡西江水，曾向竟陵城下来。"专注茶，淡泊名利，四处游历，走遍山山水水，陆羽寻茶之旅，一路逢山驻足采茶，遇泉下鞍辨水，目不暇接，口不暇访，笔不暇录。辗转来到江南的湖州，当时年仅二十四岁，定居湖州，起早贪黑，跋山涉水，与茶山为友，以茶叶为伴，以茶人为师，用大量的实地考察和收集资料，充实《茶经》的写作。

陆羽初到江南，结识了时任无锡县尉的皇甫冉（状元出身，当世名士），为陆羽提供了许多帮助。对陆羽茶事活动帮助最大而且情谊最深的还有诗僧皎然。皎然俗姓谢，是南朝谢灵运的十世孙。陆皎相识，结为忘年之交，结谊四十余年，直至相继去世，情谊经《唐才子传》的铺排渲染，为后人所深深钦佩。皎然长年隐居湖州杼山妙喜寺，"隐心不隐迹"，与当时的名僧高士、权贵显要有着广泛的联系，这自然拓展了陆羽的交友范围和视野思路。陆羽在妙喜寺内居住多年，收集整理茶事资料，后又是在皎然的帮助下，"结庐苕溪之滨，闭门对书"，开始了《茶经》的写作。

宋代"苏门六君子"之一的陈师道在《茶经序》里这样写道："夫茶之着书，自羽始；其用于世，亦自羽始。羽诚有功于茶者也。上自宫省，下迨邑里，外及戎夷蛮狄，宾祀燕享，预陈于前。山泽以成市，商贾以起家，又有功于人者也。"不只阐明陆羽是天下第一位写茶书的人，对茶事人事功不可没。因为有了一部《茶经》，陆羽从唐代起，就开始被人尊称为"茶仙"。

TUESDAY. SEP 11, 2018

2018 年 9 月 11 日

农历戊戌年·八月初二

星期二

九月十一日

🕊 今日记录

皎然、颜真卿鼎力陆羽建茶亭

唐代陆羽，于唐肃宗至德二年前（757）后来到吴兴（吴兴：湖州古称），住在妙喜寺，与著名僧人皎然结识，并成为"缁素忘年之交"。后来，陆羽构想建一茶亭在妙喜寺旁，得到了皎然和吴兴刺史颜真卿的鼎力协助，于唐代宗大历八年（773）落成。由于时间正好是癸丑岁癸卯月癸亥日，因此名之为"三癸亭"。皎然并赋《奉和颜使君真卿与陆处士羽登妙喜寺三癸亭》以为志，诗云："秋意西山多，列岑萦左次。缭亭历三癸，疏趾邻什寺。元化隐灵踪，始君启高诔。诛榛养翘楚，鞭草理芳穗。俯砌披水容，逼天扫峰翠。境新耳目换，物远风烟异。倚石忘世情，援云得真意。嘉林幸勿剪，禅侣欣可庇。卫法大臣过，佐游群英萃。龙池护清澈，虎节到深邃。徒想嵊顶期，于今没遗记。"诗记载了当日群英齐聚的盛况，并盛赞"三癸亭"构思精巧，布局有序，将亭池花草、树木岩石与庄严的寺院和巍峨的杼山自然风光融为一体，清幽异常。时人将陆羽筑亭、颜真卿命名题字与皎然赋诗，称为"三绝"，一时传为佳话，而"三癸亭"更成为当时湖州的胜景之一。

WEDNESDAY. SEP 12, 2018

2018 年 9 月 12 日

农历戊戌年·八月初三

星期三

九月十二日

今日记录

陆羽鉴水

唐代张又新《煎茶水记》中记述：唐代宗时期，湖州刺史李季卿在维扬（维扬：今扬州）与陆羽相逢。李季卿一向倾慕陆羽，便说："陆君善于品茶，天下闻名，这里的扬子江南零水又特别好，二妙相遇，千载难逢"，请陆羽办起"陆处茶品饮法"雅集。因而命令军士提水瓮行舟，到江中去取南零水。趁军士取水的时间，陆羽把各种品茶器具一一放置停顿。不一会，水送到了。陆羽用牺杓（陆羽所著的正本《茶经》里有记载："牺杓，剖匏为之，或刊术为之。"牺杓，烹茶时取茶水或分茶水的瓢，是用葫芦剖开制成的东西，也有用梨木制作的。）在水面一扬说："这水倒是扬子江水，但不是南零段的水，好像是临岸之水。"军士说："我乘舟驶入南零，有许多人看见，不敢虚报。"陆羽一言不发，端起水瓮，倒去一半水，又用牺杓从水瓮中取一瓢水，看后说："这才是南零水。"军士大惊，急忙认错说："我自南零取水回来，到岸边时由于船身晃荡，把水晃出了半瓮，怕不够用，便用岸边之水加满，不想处士（处士：中国古代称有德才而隐居不愿做官的人）之鉴，如此神明。"李季卿与来宾数十人都十分惊奇陆羽的鉴水之技，便向陆羽讨教各种水的优劣，并用笔一一记了下来。

THURSDAY. SEP 13, 2018

2018 年 9 月 13 日

农历戊戌年·八月初四

星期四

九月十三日

今日记录

陆羽献茶

唐代竟陵龙盖寺的智积禅师善于品茶，一传十，十传百，人们把智积禅师看成是"茶仙"下凡。这消息也传到了代宗皇帝耳中。代宗嗜好饮茶，也是品茶行家，宫中录用了一些善于品茶的人供职。代宗听闻后，半信半疑，就下旨召来智积，决定当面试茶。

智积到了宫中，代宗即命宫中煎茶能手，沏一碗上等茶叶，赐予智积品尝。智积谢恩后接茶在手，轻轻喝了一口，就放下茶碗，再也没喝第二口茶。代宗因问何故？智积起身手摸长须笑答："我所饮之茶，都是弟子陆羽亲手所煎。饮惯他煎的茶，再饮别人煎的茶，就感到单薄如水了。"代宗听罢，问陆羽现在何处？智积答道："陆羽酷爱自然，遍游海内名山大川，品评天下名茶美泉，现在何处贫僧也难知晓。"

于是朝中派人四处寻找陆羽，终于在吴兴（今湖州）找到并召进宫。代宗见陆羽虽说话结巴，其貌不扬，但出言不凡，知识渊博，几分欢喜。命他煎茶献师，陆羽欣然同意，就取出自己清明前采制的好茶，用泉水烹煎后，先献给代宗。代宗接过茶碗，轻轻揭开碗盖，一阵清香迎面扑来，精神清爽，再看碗中茶叶淡绿清澈，品尝之下香醇回甜，连赞好茶。就让陆羽再煎一碗，由宫女送去给智积品尝。智积喝了一口，连叫好茶，接着一饮而尽。智积放下茶碗，兴冲冲地走出御书房，大声喊道："鸿渐在哪里？"代宗吃惊地问："智积怎么知道陆羽来了？"智积哈哈大笑道："我刚才品的茶，只有渐儿才能煎得出来，当然就知道是渐儿来了。"代宗十分佩服智积的品茶之功和陆羽的茶技之精，有意留陆羽在宫中培养茶师。但陆羽不羡荣华富贵，不久又回到吴兴苕溪，专心撰写《茶经》去了。

FRIDAY. SEP 14, 2018

2018 年 9 月 14 日

农历戊戌年·八月初五

星期五

九月十四日

今日记录

活着的邛窑

邛窑，始烧于南朝，盛于唐，衰于宋朝，是我国著名的民间瓷窑之一。邛窑分布于中国四川省境内，在邛崃与蒲江交界的甘溪镇明月村，如今，还有一座自清康熙始300余年都不曾断烧的古窑——目前四川唯一"活着的邛窑"。

在史上的明月村，守候在隋唐茶马古道和南方丝绸之路上，有过近百座窑口的盛况，住民忙时下田耕作、采茶炒茶，闲时制陶烧窑，侧耳便是雷竹沙沙的歌声。

2012年蒲江县人民政府收到一份《邛窑修复报告》，从此，"市级贫困村"走向"中国乡村旅游创客示范基地"，如今更像是供心灵栖息的地方。

现今邛窑传世的涉茶用具还见有：唐代邛窑茶研磨器、唐代邛窑茶叶末釉玉壶春瓶、唐代邛窑茶叶沫釉小茶叶碗、唐代邛窑彩绘茶盏、唐代邛窑黄釉茶盏、宋代邛窑点彩茶壶、宋代邛窑茶盏、宋代邛窑斗笠茶盏、宋代邛窑带字茶盏、創烧有名的邛窑"省油燈"等等。

星期六

九月十五日

 今日记录

羊艾毛峰

羊艾毛峰，绿茶类，产于贵州省贵阳市西南远效区的羊艾茶场，创制于 1960 年。

3 月中下旬开始采摘。采用滇北"十里香"早芽中叶型群体品种茶树鲜叶为原料，选用鲜叶的标准是 1 芽 1 叶初展（叶包芽），芽叶幼嫩优质。

制茶工艺工序是自然摊放、杀青、揉捻、初烘、足干。

成品羊艾毛峰茶叶外形条索细嫩匀整、紧结卷曲，银毫满披、锋苗毕露，色泽鲜活、含绿欲滴，内质香气清馥郁，滋味清纯鲜爽，汤色嫩绿明亮、鲜嫩如生，叶底嫩绿匀亮。

冲泡羊艾毛峰时，茶与水的比例为 1：50，投茶量 3 克，水 150 克(水 150 毫升)；主要泡茶具首选"三才碗"（顺茶碗边注水后，加茶盖），也可用无色透明玻璃杯（采用下投法，先注水五分之一的开水，而后投入茶叶，半分钟后加注水至杯的五分之四，加盖）；适宜用水开沸点，静候待水温降至摄氏 80 度（℃）时才用于泡茶叶。

SUNDAY. SEP 16, 2018

2018 年 9 月 16 日

农历戊戌年·八月初七

星期日

九月十六日

 今日记录

茶旅游 · 黄山

祁门柏溪基地

谢裕大茶叶博物馆

天之红庄园

宏村

时效：二日游

主题：黄山名茶品茗之旅

点线：黄山市——屯溪——黄山风景区——宏村——天之红庄园——天之红祁门红茶博物馆——"茶叶改良场"遗址（平里村）——梅南公园——祁门柏溪基地——返程天之红庄园——谢裕大茶叶博物馆——谢裕大唐模千亩生态茶园——黄山松萝茶叶博物馆

"天之红庄园"毗邻祁门凫峰的率水河，位于黟县宏村、西递和江西瑶里的中间，地理位置优越，生态环境优良。庄园三面环水，竹林成片，山清水秀。徽州古村落和千亩茶园构成了景区主色调。

星期一

九月十七日

羊鹿毛尖

羊鹿毛尖，绿茶类，产于湖南省湘潭县羊鹿茶场，1992 年创制。

春茶季、夏茶季均有采摘。选用鲜叶的标准是 1 芽 1 叶，采回鲜叶先倒在有一格一格的纱网上，纱网底部通风，使新茶保持干燥又不损坏芽叶的完整。

制茶工艺工序是杀青、揉捻、炒二青、炒三青、整形、提毫、足干。

成品羊鹿毛尖茶叶外形条索紧结卷曲，隐翠显毫；香气清高，滋味鲜纯，汤色黄绿明亮，叶底嫩绿匀亮。

冲泡羊鹿毛尖时，茶与水的比例为 1∶50，投茶量 3 克，水 150 克(水 150 毫升)；主要泡茶具首选"三才碗"(顺茶碗边注水后，加茶盖)，也可用无色透明玻璃杯(采用下投法，先注水五分之一的开水，而后投入茶叶，半分钟后加注水至杯的五分之四，加盖)；适宜用水开沸点，静候待水温降至摄氏 80 度（℃）时才用于泡茶叶。

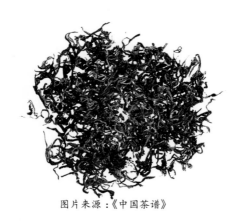

图片来源：《中国茶谱》

星期二

九月十八日

今日记录

英山云雾

英山云雾，绿茶类，产于湖北省英山县南河镇、方家咀乡、温泉镇、红山镇、孔家坊乡、金家铺镇、石头咀镇、杨柳湾镇、雷家店镇、草盘地镇、陶家河乡，为新创名茶。

清明前后开始采摘。采用不同展叶期采摘不同嫩度的鲜茶叶为原料，选用鲜叶的标准："春笋"选采全芽，"春蕊"选采 1 芽 1 叶初展，"春茗"选采 1 芽 1 叶和 1 芽 2 叶初展；要求达到大小一致、长短一致、嫩度一致、颜色一致，不采紫色叶、虫伤叶、雨水叶、异形叶。

制茶工艺工序是杀青、摊放、炒二青、做形、提毫、烘干。

成品英山云雾茶叶"春笋"外形条索紧秀自然，银毫密布，色泽翠绿鲜活；汤色嫩绿清澈明亮，清香高长，滋味鲜醇爽口，回味甘甜；叶底似朵朵莲花挺立水中，如群笋而出傲立山间。

冲泡英山云雾时，茶与水的比例为 1∶50，投茶量 3 克，水 150 克(水 150 毫升)；主要泡茶具首选"三才碗"（顺茶碗边注水后，不盖茶盖），也可用无色透明玻璃杯（采用下投法，先注水五分之一的开水，而后投入茶叶，半分钟后加注水至杯的五分之四，不盖茶盖）；适宜用水开沸点，静候待水温降至摄氏 85 度（℃）时才用于泡茶叶。

WEDNESDAY. SEP 19, 2018

2018 年 9 月 19 日

农历戊戌年 · 八月初十

星期三

九月十九日

今日记录

茶旅游·安化

中国黑茶博物馆

百年木仓

云上茶旅文化园

茶马古道

时效：二日游

主题：安化黑茶品茗之旅

点线：长沙——安化——龙泉洞——云台山——云上茶旅文化园——真武寺——中国黑茶博物馆——百年木仓——风雨廊桥——洞市老街——茶马古道——梅山文化园

THURSDAY. SEP 20, 2018

2018 年 9 月 20 日

农历戊戌年·八月十一

星期四

九月二十日

 今日记录

永川秀芽

永川秀芽，绿茶类，又称"川秀"。产于重庆市永川区（主要包括永川区云雾山、阴山、巴岳山、箕山、黄瓜山五大山脉的茶区），创制于 1963 年。

清明前开始采摘。采用"早白尖南江茶"和永川区栽培的大、中、小叶种其它品种茶树鲜叶为原料，选用鲜叶的标准是 1 芽 1 叶的初展，要求芽叶完整、新鲜、洁净。

制茶工艺工序是杀青、揉捻、抖水、做条、烘干。

成品永川秀芽茶叶外形细秀显毫，色泽深绿油润；汤色清澈绿亮，香气鲜嫩高长，滋味鲜醇回甘；叶底嫩匀明亮。有"形秀、叶绿、汤清、味鲜"特点。

冲泡永川秀芽时，茶与水的比例为 1：50，投茶量 3 克，水 150 克（水 150 毫升）；主要泡茶具首选"三才碗"（顺茶碗边注水后，加茶盖），也可用无色透明玻璃杯（采用下投法，先注水五分之一的开水，而后投入茶叶，半分钟后加注水至杯的五分之四，加盖）；适宜用水开沸点，静候待水温降至摄氏 80 度（℃）时才用于泡茶叶。

FRIDAY. SEP 21, 2018

2018 年 9 月 21 日

农历戊戌年·八月十二

星期五

九月二十一日

 今日记录

茶旅游·湖州

顾渚山贡茶院

陆羽故居（青塘别业）

抒山陆羽墓

三癸亭

时效：自定

主题：陆羽茶文化之旅

点线：湖州陆羽茶文化博物馆——陆羽墓——三癸亭——陆羽故居（青塘别业）、顾渚山贡茶院

早在 1700 多年前的晋代，湖州就产贡茶"温山御荈"，唐代陆羽在湖州完成的《茶经》问世与流传，加速了茶知识的传播和普及，促成了世间饮茶之风盛行。同时，也带动了茶叶生产的发展，唐代也是湖州名茶历史上的鼎盛时期。据载：唐代朝廷在顾渚山专设贡茶院，每岁进贡紫笋茶数额达一万八千四百斤。后人赞湖州为中国贡茶之冠，名茶之源。湖州的历史名茶有：温山御荈、湖州紫笋、顾渚贡焙、丹邱仙茗、金字茶、罗茶、洞山茶、太子茶、霞雾茶、碧岘春、梓坊茶、九亩甜茶、莫干山芽茶等。

湖州有丰富的陆羽茶文化资源，陆羽墓、三癸亭、陆羽故居（青塘别业）、顾渚山贡茶院等一批陆羽茶文化景点得到保护重建；白茶谷、白茶园区、顾渚山野生茶基地等一批新的茶区生态旅游项目和景点正在发展。

SATURDAY. SEP 22, 2018

2018 年 9 月 22 日

农历戊戌年·八月十三

星期六

九月二十二日

今日记录

茶和二十四节气时令·秋分

"秋分"是每年二十四节气中的第16个节气。"分秋"的意思，一是昼夜时间相等，二是秋分日平分了秋季。过了秋分"一场秋雨一层寒"，气温下降得特别快，幅度也很大，逐渐步入深秋季节。

从白露、秋分到寒露期间，是秋茶的高产时期。与春茶不同，秋茶的内含物氨基酸含量略低，糖类含量略高，香气浓而高扬，茶汤甘甜，苦涩较低。秋茶的茶汤较为清爽，柔滑不及春茶，但易品味到"水含香"。茶汤入口感觉有平淡，但稍等片刻，甘甜与香气，从喉底慢慢涌出，香气绕喉，经久不绝。对于铁观音，便有"非秋茶不出观音韵"的说法。

"秋分"节气里，喝什么茶？秋分时节，顺应阴平阳秘，收敛闭藏，注意润秋燥、养脾胃、防秋凉。适宜饮乌龙茶（漳平水仙、武夷岩茶、安溪铁观音、凤凰单丛、东方美人）、红茶、白茶（白牡丹、寿眉，均在3年以上）。还要注意喝温茶水，不喝凉了的茶水。

九月二十三日 秋分

中秋节

农历八月十五,处于三秋(孟秋、仲秋、季秋)之中,故称中秋。中秋节始于唐代、盛行于宋代,至明清时,已成为与春节齐名的中国主要节日之一。中秋节自古便有祭月、拜月、吃月饼、赏桂花、饮桂花酒、张灯、泛舟、举家团圆等习俗,流传至今。中秋月饼的生产,也从家庭自制进入到工业化批量生产为主。

月饼多为"重油重糖",制作程序多有煎炸烘烤,属典型的肥甘厚味食品,容易产生"热气"或者胃肠积滞。因此,最好在两餐之间、半空腹状态下食用为宜。月饼一般是咸、甜两类,如咸甜月饼同食,应先吃咸的,后吃甜的;如果备有鲜、咸、甜、辣等不同风味的月饼,应按鲜、咸、甜、辣的顺序吃,这样才能品出月饼的味道。

吃月饼配喝茶,是一种享受。月饼的甜腻遇上茶,相得益彰。一般来说,吃月饼时,可从各种茶类中任选一款,冲泡茶汤来搭配均可。中秋节时值秋分节气,可以在秋分节气适宜饮用的茶类中选配。这些茶类是:乌龙茶(漳平水仙、武夷岩茶、安溪铁观音、凤凰单丛、东方美人)、红茶、白茶(白牡丹、寿眉,均在3年以上)。

星期一

九月二十四日 中秋节

秋分茶

秋分后寒露前采摘的茶叶叫秋分茶。

按节气分，小暑、大暑、立秋、处暑、白露、秋分、寒露采制的茶为秋茶；按时间分，7月中旬以后采制的为秋茶。秋茶，泛指小暑、大暑和秋季采制的茶叶，用小暑、大暑和秋季采制的茶叶沏泡的茶（水、汤）。"秋分茶"属是秋茶。

古籍《春秋繁露·阴阳出入上下篇》中说："秋分者，阴阳相半也，故昼夜均而寒暑平。"秋分之"分"为"半"之意。秋分后北半球昼短夜长的现象越来越明显，昼夜温差逐渐加大，气温逐日下降，逐渐步入"一场秋雨一场寒"的深秋季节。中国南方大部地区渐凉，此时茶树的地面生长速度缓慢，茶树的生长转入地下。茶叶的密度增加，这一片片色如翡翠，洁净如洗的叶子上，开始凝聚秋香。茶叶香涩凝重，耐人寻味。秋分茶截取的是平和收敛的大自然能量。

秋冬季是茶树根系生长大量吸收贮藏养分之时，茶农开始安排给茶树施加有机肥，补给储备能量，以期茶树顺利度过北方严寒的冬季。

萧萧落叶，不敌一片茶叶。当秋之清冷叶落意凉时，有一盏秋茶在手，暖手暖心的融合，品味着茶的"春水秋香"，心旷神怡，悠然逍遥。

TUESDAY. SEP 25，2018

2018 年 9 月 25 日

农历戊戌年·八月十六

星期二

九月二十五日

🕊 今日记录

茶谚·地方茶谚汇

吃饭靠禾苑，用钱靠茶苑。(湖南湘潭)

清晨一杯茶，饿死卖药家。(广东)

东南路里水泡茶，城西两路罐茶，北路河里油炒茶。
(陕西略阳)

勤俭姑娘，鸡鸣起床，梳头洗面，先煮茶汤。(赣南客家)

早茶晚酒黎明亮。(深圳)

好茶一杯，不用请医家。(广州)

平地人不离糍粑，高山人不离苦茶。(湖南江华)

一天三餐油茶汤，一餐不吃心里慌。(恩施土家族苗族自治州)

头苦二甜三回味。(云南白族三道茶)

贵客进屋三杯茶。(侗族)

若要富，种茶树。(云南华坪县傈族、勐海县傣族)

古蔺罐儿茶好喝，麻辣鸡好吃。(四川、古蔺)

WEDNESDAY. SEP 26, 2018

2018 年 9 月 26 日

农历戊戌年·八月十七

星期三

九月二十六日

 今日记录

涌溪火青

涌溪火青，绿茶类，产于安徽省泾县城东70公里涌溪山的丰坑、盘坑、石井坑湾头山一带，为历史名茶。清代汪巢品涌溪火青，诗兴大发："不知泾邑山之崖，春风茁比此香灵芽；两茎细叶细雀舌卷，蒸焙工夫应不浅；宣州诸茶此绝伦，芳馨那逊龙山春；一欧瑟瑟散轻蕊，品谁谁比玉川子；共向幽窗吸白云，令人六腑皆芳芬；长空霭霭西林晚，疏雨湿烟客忘返。"

清明至谷雨采摘。采用涌溪柳叶种茶树鲜叶为原料，选用鲜叶标准是1芽2叶初展新梢，要求"两叶一心，身大八分（2.5厘米），枝枝齐整，朵朵匀净"，芽叶要肥壮而挺直，芽尖和叶尖要拢齐，有锋尖，第一叶微开展仍抱住芽，第二叶柔嫩，叶片稍向背面翻卷。

制茶工艺工序是杀青、揉捻、炒坯、摊放、掰老锅、筛分。

成品涌溪火青茶叶外形圆紧卷曲如发髻，色泽墨绿，油润乌亮，白毫显露；兰花鲜香，清高持久；耐冲泡，汤色黄绿明净，滋味爽甜，耐人回味；叶底杏黄、匀嫩整齐。

冲泡涌溪火青时，茶与水的比例为1：50，投茶量3克，水150克（水150毫升）；主要泡茶具首选无色透明玻璃杯（采用下投法，先注水五分之一的开水，而后投入茶叶，半分钟后加注水至杯的五分之四，不用加盖），也可用"三才碗"（顺茶碗边注水后，不用加茶盖）；适宜用水开沸点，静候待水温降至摄氏85度（℃）时才用于泡茶叶。

图片来源：《中国茶谱》

THURSDAY. SEP 27, 2018

2018 年 9 月 27 日

农历戊戌年·八月十八

星期四

九月二十七日

今日记录

渝州雪莲

渝州雪莲，绿茶类，产于重庆市，新创名茶。

春分前采摘茶树幼嫩单芽为原料。系渝州雪莲中的顶级产品。

制茶工艺工序是鲜叶摊凉、手工杀青、锅揉、温床搓团提毫、焙干。

成品渝州雪莲茶叶外形卷曲如螺、色泽翠绿、白毫满披、香气馥郁持久，汤色碧绿明亮，滋味鲜爽，叶底嫩匀成朵。

冲泡渝州雪莲时，茶与水的比例为1∶50，投茶量3克，水150克（水150毫升）；主要泡茶具首选无色透明玻璃杯（采用上投法，先注水五分之三的开水，而后投入茶叶，后加注水至杯的五分之四，不用加盖），也可用"三才碗"（顺茶碗边注水后，不用加茶盖）；适宜用水开沸点，静候待水温降至摄氏75度（℃）时才用于泡茶叶。

图片来源：《中国茶谱》

FRIDAY. SEP 28, 2018

2018 年 9 月 28 日

农历戊戌年·八月十九

星期五

 今日记录

雨城云雾

雨城云雾，绿茶类，产于四川省雅安市，创制于 1987 年。雅安素有"雨城"之称，故名"雨城云雾"。

3 月上中旬开始采摘，采用四川中小叶群体种茶树的鲜叶为原料。选用鲜叶标准是单芽至 1 芽 1 叶初展。

制茶工艺工序是杀青、揉捻、做形、干燥。

成品雨城云雾茶叶外形紧细卷曲，色泽翠绿、油润披毫，香气鲜嫩高长，汤色碧绿明亮，滋味鲜爽甘醇，叶底嫩绿明亮。

冲泡雨城云雾时，茶与水的比例为 1：50，投茶量 3 克，水 150 克（水 150 毫升）；主要泡茶具首选无色透明玻璃杯（采用下投法，先注水五分之一的开水，而后投入茶叶，半分钟后加注水至杯的五分之四，用加盖），也可用"三才碗"（顺茶碗边注水后，用加茶盖）；适宜用水开沸点，静候待水温降至摄氏 80 度（℃）时才用于泡茶叶。

SATURDAY. SEP 29，2018

2018 年 9 月 29 日

农历戊戌年·八月二十

星期六

九月二十九日

🕊 今日记录

冻顶乌龙

冻顶乌龙，青茶（乌龙茶）类，产于台湾南投鹿谷冻顶山，为新创名茶。

一年四季皆可制茶，谷雨前后采对夹 2~3 叶（对夹，指 1 叶与 2 叶子的生成开面、1 叶与 2 和 3 叶子的生成开面，大小差不多）茶青，一年中可采 4~5 次，春茶醇厚；冬茶香气扬，品质上乘；秋茶次之。采用的是青心乌龙、台茶 12 号（金萱）、台茶 13 号（翠玉）品种茶树鲜叶为原料。

制茶工艺工序是日光萎凋（晒青）、室内静置及搅拌（凉青及作青）、炒青、揉捻、初干、布球揉捻（团揉）、干燥。发酵程度 15%~20%。

成品冻顶乌龙茶叶外形紧结成半球形，色泽墨绿，汤色金黄亮丽，沉重，香气浓郁，滋味厚甘润，饮后回韵无穷，是香气、滋味并重的台湾特色茶。

冲泡冻顶乌龙时，茶与水的比例为 1：12.5，投茶量 8 克，水 100 克（水 100 毫升）；主要泡茶具首选紫砂壶（投茶后，注水要快冲向壶内，盖上壶盖），也可用"三才碗"盖碗（投茶后，摇香，注水要快冲向茶碗，盖上茶盖）；适宜用水开沸点，静候降至摄氏 95 度（℃）时，冲泡茶叶。

图片来源：《中国茶谱》

今日记录

政和工夫

政和工夫，红茶类，系福建三大工夫茶之一，"闽红"工夫茶系政和工夫、坦洋工夫和白琳工夫的统称。产于福建北部，以政和县为主产区，创制于清代后期，为历史名茶。

4 月上中旬开始采摘。采用政和大白茶品种、当地小叶群体种茶树鲜叶为原料，选用鲜叶的标准是 1 芽 2~3 叶。要求进厂解叶分级摊放，按级付制。

制茶工艺工序是萎凋、揉捻、发酵、干燥。

成品政和工夫外形条索紧结肥壮多毫，色泽乌润；内质香气高而鲜甜，汤色红浓，滋味浓厚，叶底肥壮红亮。

冲泡政和工夫时，茶与水的比例为 1：30，投茶量 5 克，水 150 克(水 150 毫升)；主要泡茶具首选"三才碗"(顺茶碗边缘缓缓注水后，加茶盖)，也可用无色透明玻璃杯（采用下投法，先注水五分之一的开水，而后投入茶叶，半分钟后加至杯的五分之四，加用盖)，也可用；适宜用水开沸点，静候待水温降至摄氏 85 度(℃) 时才用于泡茶叶。出汤在 1~6 秒以内。

图片来源：《中国茶谱》

星期一

MONDAY. OCT 1, 2018

2018 年 10 月 1 日

农历戊戌年·八月廿二

十月一日

 今日记录

茶旅游·安溪

华祥苑茶庄园

安溪清水岩

西坪镇红心歪尾铁观音茶保护区

传统铁观音非遗传习所

时效：三日游

主题：安溪铁观音品茗之旅

点线：安溪县——西坪镇红心歪尾铁观音茶保护区——德峰茶庄园——德峰传统铁观音非遗传习所——中国茶都——茶叶博物馆——中国茶博汇——凤山——茶叶大观园——安溪清水岩——厦门儒仕茶馆

特点：走进铁观音发源地寻韵探源，亲身体验红心歪尾纯正铁观音的采摘与制作，畅游于安溪铁观音深厚的茶文化历史当中；漫步千亩红心歪尾铁观音茶保护区，领略安溪茶乡人家风情；游览德峰传统铁观音非遗传习所，体验采茶、制茶之趣；游览中国茶都、茶叶博物馆、中国茶博汇、安溪清水岩等。

TUESDAY. OCT 2，2018

2018 年 10 月 2 日

农历戊戌年 · 八月廿三

星期二

十月二日

🖊 今日记录

唐代宫廷金银茶具

1987 年，在陕西省扶风县法门寺地宫中，发掘了大量唐代宫廷金银器，这些专供皇帝御用供佛器物中，有一套几近完整、无损的金银茶具，十分引人瞩目。这套金银茶具有茶碗、碟、盘、净水瓶共 16 件，是迄今世界上发现最早、最完善而珍贵的"银金花"茶器（鎏金银器）。

此外，地宫中还有供奉皇室使用的秘色瓷茶碗，以及当时被视为珍稀的琉璃（即玻璃）茶碗、茶托一副，首次发现史上最负盛名的瓷器"秘色瓷"。

这些由金、银、瓷、琉璃等材质的高雅茶具，呈现出唐代宫廷精致物质生活中茶的文化地位和饮茶方式。

WEDNESDAY. OCT 3, 2018

2018 年 10 月 3 日

农历戊戌年·八月廿四

星期三

十月三日

 今日记录

凤凰单丛

凤凰单丛，青茶（乌龙茶）类，产于广东省潮安县，为历史名茶。

一年四季皆可制茶。采用凤凰水仙种的优异单株茶树鲜叶为原料，选用鲜叶的标准是新梢形成对夹2~3叶（对夹，指1叶与2叶子的生成开面、1叶与2和3叶子的生成开面，大小差不多），采茶要求严格，清晨不采，雨天不采，太阳过强不采，一般是在晴天下午2:00~5:00采摘。

制茶工艺工序是晒青、凉青、碰青、杀青、揉捻、干燥。

成品凤凰单丛茶叶素有"形美、色翠、香郁、味甘"四绝。外形挺直肥硕油润，自然花香气清高浓郁，汤色橙黄清澈明亮，山韵蜜味，滋醇厚爽口回甘；叶底青蒂绿腹红镶边。

冲泡凤凰单丛时，茶与水的比例为1：14，投茶量7克，水100克（水100毫升）；主要泡茶具首选紫砂壶（投茶后，注水要快速冲向壶内，盖上壶盖），也可用"三才碗"盖碗（投茶后，摇香，注水要快冲向茶碗，盖上茶盖）、玻璃杯；适宜用水开沸点，静候降至摄氏100度（℃）时，冲泡茶叶。

图片来源：《中国茶谱》

星期四

十月四日

今日记录

唐代，茶籽被引种到朝鲜半岛

韩国古籍《三国史记》中，有韩国历史上的王朝贵族饮茶的记载："前于新罗第 27 代善德女王（公元 632~647 年在位）时，已有茶"。

茶引种到朝鲜半岛，在《三国史记·新罗本纪》有记载："入唐回使大廉持茶种子来，王使植地理山。茶自善德王时有之，至于此盛焉"。新罗时期兴德王三年（828 年），"遣唐使"金大廉自中国带回唐文宗赠送的茶种子，种植于地理山（智异山）开始，韩国种植茶叶及饮茶之风兴盛，并流行于广大民间。

高丽时期（936~1392 年），是韩国饮茶的全盛时期，贵族及僧侣的生活中，茶已不可或缺，民间饮茶风气亦相当普遍。当时全国有 35 个茶产地，名茶有：孺茶、龙团胜雪、雀舌茶、紫笋茶、灵芽茶、露芽茶、脑原茶、香茶、蜡面茶等。王室在智异山花开洞（今庆尚南道河东郡）设御茶园，面积广达，此即为俗称的"花开茶所"，所产茶叶滋味柔美浓稠有如孺儿吸吮的乳汁，所以称为"孺茶"。

星期五

十月五日

清照角茶

宋代李清照（公元1084~约1155年），号易安居士，齐州济南（今山东济南市章丘区）人，著名的女词人，有"千古第一才女"之称。丈夫赵明诚是金石学家，两人情意甚笃，相敬如宾，又都是茶道中人。赵明诚去世后，留下了一部《金石录》著作的"后序"是李清照所作。"后序"记述了夫妻俩人饮茶助学的趣事："每获一书，即同共校勘，整集签题，得书画彝鼎，亦摩玩舒卷，指摘疵病。夜尽一烛为率（率：标准）。故能纸札精致，字画完整，冠诸收书家。余性偶强记，每饭罢，坐归来堂，烹茶，指堆积书史，言某事在某书某卷第几页第几行，以中否，角胜负，为饮茶先后。中即举杯大笑，至茶倾覆怀中，反不得饮而起。"

后来"角茶"典故，便成为了夫妇有相同志趣，相互激励，促进学术进步，以茶为酬的佳话。

SATURDAY. OCT 6, 2018

2018 年 10 月 6 日

农历戊戌年·八月廿七

 今日记录

茶旅游·恩施

伍家台贡茶山

伍家台贡茶文化旅游区侗乡
第一寨

伍家台贡茶山

时效：一日游

主题：踏青赏茶之旅

点线：宣恩县以伍家台村为中心的万亩贡茶园

春茶萌动时节，到万亩贡茶园踏青赏茶，体验"伍家台贡茶"的种植、采摘、制作等，感受传统茶文化。

宣恩县出产的"伍家台贡茶"因乾隆皇帝赐匾"皇恩宠锡"而闻名，其手工制作技艺被列入湖北省非物质文化遗产名录，是国家地理标志产品。近年来，当地从有机茶种植、制作、加工出发，融合精准扶贫、新农村建设等，在茶园间建设旅游步道、空中索道、茶园农宿等旅游基础设施，方便游客来此开启赏茶、采茶、品茶之旅。2017 年 1 月，免费开放式的"伍家台贡茶文化旅游区"被正式批准为国家 4A 级旅游景区。

SUNDAY. OCT 7, 2018

2018 年 10 月 7 日

农历戊戌年·八月廿八

星期日

十月七日

🍵 今日记录

茶和二十四节气时令·寒露

"寒露"是每年二十四节气中的第 17 个节气。寒露，意思是天气更凉，连露水也寒凉，将凝结。在白露、秋分、寒露采摘制作的茶，称"秋茶"，铁观音秋茶、白茶的白露茶、白茶的寒露，都有较大产量。

"寒露"节气里，喝什么茶？寒露时节，应注意润肺生津、健脾益胃，防风寒。适宜饮乌龙茶（安溪铁观音、武夷岩茶、凤凰单丛）、黄茶、红茶、白茶（白牡丹、寿眉，均在 3 年以上）。还要注意喝温茶水，不喝凉了的茶水。

星期一

十月八日 寒露

 今日记录

寒露茶

每年寒露的前三天和后四天所采之茶，谓之"正秋茶"，也称"寒露茶"。

"露先白而后寒"，寒露后气

候明显凉了。寒露至霜降节气15天，采摘茶最多只能有5天。我国绝大部分产茶地区，茶树生长和茶叶采制是有季节性的。按节气分，小暑、大暑、立秋、处暑、白露、秋分、寒露采制的茶为秋茶；按时间分，7月中旬以后采制的为秋茶。霜降标志着草木开始准备休眠，茶树也要留有休眠前的缓冲期，如果一直采茶到霜降，不利于树的休养生息。所以秋茶采摘后，只有我国华南茶区，由于地处热带，四季不大分明，还有茶叶采制。

茶叶寒露之后变化较大，里面带有"寒气"。寒露茶截取的是冷峻内含的大自然能量。寒露茶既不像春茶那样鲜嫩，不经泡，也不像夏茶那样干涩味苦，而是有一种独特的甘醇清香。如果说春茶喝的是那股清新的香气，淡淡的青草味，那么晚秋茶喝的则是一种浓郁的、醇厚的味道。经过了一夏的煎熬，茶叶也仿佛在时间中熬出了最浓烈的品性。从茶叶的本身香气来说，真是"一年之茶在于秋"。

从"明前茶"到"寒露茶"，茶叶储藏了每一节气的天地之气，人与它恰如"茶"字："草木之间藏人性，人字变化草木中"。

今日记录

鹧鸪天·寒日萧萧上琐窗

（宋）李清照

寒日萧萧上琐窗，梧桐应恨夜来霜。

酒阑更喜团茶苦，梦断偏宜瑞脑香。

秋已尽，日犹长，仲宣怀远更凄凉。

不如随分尊前醉，莫负东篱菊蕊黄。

这首词的思绪从寒日夜来霜，到借酒消愁，悲慨万分，凄婉情深，冉升信念。其中这句"酒阑更喜团茶苦"，是词人对宋代"清明上河图"那世间太平文化繁荣时期的怀想。"酒阑"，借指兵荒马乱到了极点，"团茶"即宋代的龙团饼茶，词中借"团茶"意宋代文化繁荣时期，词人忆起一家在文化繁荣时期也很忙很辛苦，但甚为喜悦。更希望更向往。

高山乌龙

高山乌龙，青茶（乌龙茶）类，产于台湾中南部嘉义县、南投县的高山茶区，为新创名茶。其种植于海拔一千公尺以上。主要花色有嘉义县的梅山乌龙茶、竹崎高山茶、阿里山珠露茶、阿里山乌龙茶；南投县的杉林溪高山茶、雾社卢山高山茶、玉山乌龙茶；台中县的梨山高山茶、武陵高山茶等。

4 月下旬至 5 月上旬开采春茶。一年中可采 3~5 次，春茶、冬茶、秋茶都有采制。采用的是青心乌龙、台茶 12 号（金萱）、台茶 13 号（翠玉）品种茶树鲜叶为原料。选用鲜叶的标准是对夹 2~3 叶（对夹，指 1 叶与 2 叶子的生成开面、1 叶与 2 和 3 叶子的生成开面，大小差不多）。

制茶工艺工序是日光萎凋（晒青）、室内静置及搅拌（凉青及作青）、炒青、揉捻、初干、布球揉捻（团揉）、干燥。发酵程度 10%~15%。

成品高山乌龙茶叶外形紧结成半球形，色泽翠绿鲜活；汤色蜜黄绿，香气淡雅；滋甘醇、滑软、厚重带活性；叶底青绿，基本上没有红边现象。

冲泡高山乌龙时，茶与水的比例为 1∶12.5，投茶量 8 克，水 100 克（水 100 毫升）；主要泡茶具首选紫砂壶（投茶后，注水要快冲向壶内，盖上壶盖），也可用"三才碗"盖碗（投茶后，摇香，注水要快冲向茶碗，盖上茶盖）；适宜用水开沸点，静候降至摄氏 90~95 度（℃）时，冲泡茶叶。

图片来源：《中国茶谱》

THURSDAY. OCT 11, 2018

2018 年 10 月 11 日

农历戊戌年·九月初三

星期四

十月十一日

🕊 今日记录

唐代，茶籽被引种到日本

日本饮茶，在奈良时代（公元710~794年）初期就有。随着"遣唐使"来到日本，僧侣和一部分贵族们首先开始了饮茶，日本文献《奥仪抄》记载，日本天平元年（公元729年）四月，朝廷召集百僧讲经《大般若经》，曾有赐茶之事。

《日吉神道密记》记载：平安时代（公元794~1185年）的延历、弘仁间（公元805年），往唐朝留学的最澄带回了茶籽，种在了京都比睿山日吉神社的旁边，成为日本最古老的茶园。至今在京都比睿山的东麓还立有《日吉茶园之碑》，其周围仍生长着一些茶树。

到了镰仓时代（公元1185~1333年），在宋朝学习的荣西禅师将抹茶的饮茶法推广到日本，将《喫茶养生记》（公元1214年）作为养生良方进献给当时的大将军源实朝，养生良方中主要强调了茶的药用价值。随后又将茶种子赠予华严宗的明慧上人，在高山寺种植，于是茶便在日本各地得到了普及，饮茶也在上流社会中散播开来。

FRIDAY. OCT 12, 2018

2018 年 10 月 12 日

农历戊戌年 · 九月初四

星期五

十月十二日

今日记录

茶旅游·潮州

潮州古城

潮州工夫茶用具

鸭屎香原产地茶园　天池示范基地千庭茶庄园

时效：二日游

主题：凤凰单丛工夫茶之旅

点线：潮州古城——千庭茶舍——古城夜市——古城特色工艺——潮州窑陶瓷博物馆——韩文公祠——凤凰山——凤凰乌岽山天池茶业厂区——天池示范基地千庭茶庄园——广济桥——牌坊街——开元寺——鸭屎香原产地茶园

潮人故里、工夫茶乡——全新潮州古城、乌岽茶山两天一夜的文化体验之旅。行程将安排游客欣赏这座千年古城的魅力，领略乌岽山的风情。这是一次感受"高山云雾出好茶，好山好水出好食"的凤凰山茶文化体验之旅，尝一尝"舌尖上的凤凰山"；了解一片树叶如何经过历练散发出上千种香气的故事；同时，更是一次喝懂凤凰单丛和学会冲泡传统潮州工夫茶的机会。

🥄 今日记录

茶旅游·福鼎

柏柳（中国白茶第一村）

白茶庄园

绿雪芽（白茶母树）

太姥山

时效：二日游

主题：福鼎白茶品茗之旅

点线：福鼎——白茶街——白茶博物馆——白茶庄园——大沁十三坪——柏柳（中国白茶第一村）——举州（连山古民居）——茶花市场——妈祖庙——逛集镇尝美食——中国扶贫第一村（赤溪村）——绿雪芽（白茶母树）——太姥山

SUNDAY. OCT 14, 2018

2018 年 10 月 14 日

农历戊戌年 · 九月初六

星期日

十月十四日

 今日记录

茶旅游·福州

时效：一日游

主题：茉莉花茶品茗之旅

点线：福州——鼓山喝水岩——涌泉寺——"三坊七巷"（福州茉莉花茶博物馆、黄巷小黄楼东落花厅百年白玉兰树）——春伦茶文化园

福州自古就出产名茶，1700年前，就有四溢盅盘等吃茶器皿，方山露芽、鼓山柏岩茶成为唐朝以后皇家贡茶。2000年前的汉朝，福州开始种植茉莉花，古人认为茉莉玉骨冰肌，有淡泊名利之意，乃国色天香中的"天香"。北宋时，由于中医局方学派对香气和茶保健作用的充分认识，引发香茶热，古人发现茉莉有着安神、解抑郁，中和下气的功效，福州作为茉莉花之都，茉莉花茶因此诞生，距今已有1000多年的历史，林则徐称福州为煎茶胜地。到清朝咸丰年间，由于福州在外交流中的重要地位，以及慈禧太后对茉莉花有特殊的偏爱，福州茉莉花茶逐渐成为贡茶。"茉莉花茶"是中国特有的，尤以福州窨制的最为著名。

鼓山喝水岩

"三坊七巷"

春伦茶文化园

黄巷小黄楼东落花厅百年白玉兰树

撵茶图

撵茶图　刘松年（南宋）台北故宫博物院收藏

该画为工笔白描，描绘了宋代从磨茶到烹点的具体过程、用具和点茶场面。画中左前方一仆设坐在矮几上，正在转动碾磨磨茶，桌上有筛茶的茶罗、贮茶的茶盒等。另一人伫立桌边，提着汤瓶点茶（泡茶），他左手边是煮水的炉、壶和茶巾，右手边是贮水瓮，桌上是茶筅、茶盏和盏托。一切显得十分安静整洁，专注有序。

画面右侧有三人，一僧伏案执笔作书，传说此高僧就是中国历史上的"书圣"怀素。一人相对而坐，似在观赏，另一人坐其旁，正展卷欣赏。画面充分展示了贵族官宦之家讲究品茶的生动场面，是宋代茶叶品饮的真实写照。

 今日记录

重阳节

农历九月初九日，重阳节，又称重九节，为中国传统
节日。庆祝重阳节一般包括出游赏秋、登高远眺、观
赏菊花、遍插茱萸、吃重阳糕、饮菊花酒等活动。重
阳节，早在战国时期就已经形成，到了唐代正式定为
民间的节日，此后历朝历代沿袭至今。2012 年 12 月
28 日全国人大常委会表决通过新修改的《老年人权益
保障法》明确：每年农历九月初九为老年节。倡导全
社会树立尊老、敬老、爱老、助老的风气。

老年节，看望老人、敬送礼物、办敬老活动、陪老人
畅聊，少不了送茶、敬茶、喝茶，要面对"选茶"问
题。这要从适宜节气养生来选择。

"重阳"是"秋寒新至"，随后是深秋、冬季时节，依
据"秋冬养阴"原则，老人饮茶宜润、宜温、宜老。
比如茶性温和的老茶（普洱茶、白茶、黑茶），能调养
胃肠道，比如茶性平和的乌龙茶，能"平火"。老年节
"选茶"，就讲求"温"一个字。温是指要饮、要送温
性茶。"温性茶"主要是：红茶、黑茶（普洱熟茶、砖
茶、六堡茶，成品 5 年以上）、乌龙茶（武夷岩茶，安
溪铁观音、凤凰单丛，均应为重发酵传统工艺且成品
1 年以上）、白茶（白牡丹、寿眉，5 年以上）等。

星期三

十月十七日　重阳节

黄金桂

黄金桂，青茶（乌龙茶）类，主产于福建省安溪县虎邱镇美庄村，为新创名茶。

全年可采 4~5 季(含早春茶)，春茶开采于 4 月上中旬。采用黄棪茶树品种茶树鲜叶为原料，选用鲜叶的标准是中开面 2~4 叶，要求鲜叶嫩度适中、匀净、新鲜。

制茶工艺工序是凉青、晒青、凉青、摇青、炒青、揉捻、初烘、包揉、复烘、复包揉、烘干。

成品黄金桂茶叶外形条索紧结卷曲，色泽黄绿艳油润、细秀匀整美观；内质香气高强清长，香型优雅，俗称"透天香"（冲泡后，未揭杯盖便有茶香扑鼻，揭盖嗅香，芳香漫屋），滋味清醇鲜爽，汤色金黄明亮，叶底柔软黄绿明亮，红边鲜亮。黄金桂品质具有"一早二奇"的特点，一早即萌芽、开面、采制、上市早；二奇即外形"黄、匀、细"，内质"香、奇、鲜"。

冲泡黄金桂时，茶与水的比例为 1：12.5，投茶 量 8 克，水 100 克（水 100 毫升）；主要泡茶具首选"三才碗"盖碗（投茶后，摇香，注水要快冲向茶碗，盖上茶盖），也可用紫砂壶（投茶后，注水要快冲向壶内，盖上壶盖）；适宜用水开沸点摄氏 100 度（℃）时冲泡茶叶。

图片来源：《中国茶谱》

THURSDAY. OCT 18, 2018

2018 年 10 月 18 日

农历戊戌年 · 九月初十

星期四

十月十八日

今日记录

下午茶诞生在 18 世纪的英国

1662 年，英格兰国王查理二世迎娶了葡萄牙布拉干萨王朝的凯瑟琳公主，公主随嫁妆带来了一小箱中国茶叶，并开始在宫廷中以茶待客。

但下午茶真正的"诞生"，还是要归功于贝德福德第七公爵夫人安娜。

18 世纪的英国人每天只吃早点和晚餐，贵族一般要在晚上 8 点钟后才用晚膳。公爵夫人常常在下午 4~5 点钟，命女仆备一壶茶、奶油、黄油和几片烤面包送到她房间去。渐渐地，公爵夫人在每天下午 4 点钟，广邀三、五知己，一同品啜上等瓷质餐具盛装的香纯的中国好茶，配以精致的三明治和小蛋糕，同享轻松惬意的午后时光。

而真正让下午茶成为集合礼仪、茶话和品茶于一体文化活动的，是维多利亚女王。女王通过公爵夫人的白金汉宫茶会将下午茶正式化。就这样，最早的"维多利亚下午茶"诞生了。

没想到，在当时的贵族社交圈内成为风尚，后来逐渐普及到平民阶层，一直延续到现在。英国人从早到晚都在喝茶，每天的下午茶更是必不可少，就像一首英国民谣里唱的："当时钟敲响四下，世上一切瞬间为茶而停了。"

星期五

十月十九日

茶旅游·武夷山

母树大红袍景区

天心寺

下梅古村

岩骨花香漫游道

时效：三日游

主题：武夷岩茶品茗之旅

点线：武夷山——大红袍景区——万里茶路起点下梅古村落——《印象大红袍》实景演出——长滩——茶厂——岩骨花香漫游道——九曲溪漂流——天心寺——九龙山有机生态茶园——大王峰宋街茶观

SATURDAY. OCT 20, 2018

2018 年 10 月 20 日

农历戊戌年·九月十二

十月二十日

星期六

今日记录

浣溪沙·谁念西风独自凉

（清）纳兰性德

谁念西风独自凉，萧萧黄叶闭疏窗，
沉思往事立残阳。
被酒莫惊春睡重，赌书消得泼茶香，
当时只道是寻常。

这首词情景互相映衬，由西风、黄叶，生出自己孤单寂寞和思念亡妻之情，继而由此忆起亡妻在时的"赌书消得泼茶香"生活片断情景，最后抒发无穷的遗憾，沉重的哀伤。其中写到夫妻风雅生活的乐趣：夫妻以茶赌书，互相指出某事出在某书某页某行，谁说得准就举杯饮茶为乐，以致乐得茶泼了地，满室洋溢着茶香。这样的生活片断极似词人李清照和她的丈夫赵明诚"赌书"角茶的情景。

词人有与（宋）李清照《鹧鸪天·寒日萧萧上琐窗》唱和的味道。不但语境近似，心境相似，"赌书"生活片断类似，同为丧偶，在词中选用相同的字词有：萧萧、窗、凉、黄、酒、茶、香。

 今日记录

宁红

宁红，红茶类，产于我国赣之西北地区的江西省修水县。始创于 1821 年，历史名茶。

谷雨前采摘。选用鲜叶标准是 1 芽 1 叶初展，生长旺盛、持嫩性强、芽头硕壮的蕻子茶，芽叶大小、长短要求一致，芽叶长度 3 厘米（cm）左右。

制茶工艺工序：萎凋、揉捻、发酵、干燥后初制成红毛茶，然后再筛分、抖切、风选、拣剔、复火、匀堆。

成品宁红茶叶外型条索紧结秀丽，锋苗挺拔，金毫显露，色乌微红光润；内质香高持久、据有独特香气，滋味醇厚甜和，汤色红艳，叶底红匀。

冲泡宁红时，茶与水的比例为 1：30，投茶量 5 克，水 150 克（水 150 毫升）；主要泡茶具首选"三才碗"（顺茶碗边缘缓缓注水后，加茶盖），也可用无色透明玻璃杯（采用下投法，先注水五分之一的开水，而后投入茶叶，半分钟后加至杯的五分之四，加用盖）；适宜用水开沸点，静候待水温降至摄氏 85 度（℃）时才用于泡茶叶。出汤在 1~3 秒以内。

图片来源：《中国茶谱》

今日记录

茶和二十四节气时令·霜降

"霜降"是每年二十四节气中的第 18 个节气。霜降，表示北方部分地区开始有霜。"霜降始霜"反映的是黄河流域的气候特征。而南方平均气温多大 16℃左右，离初霜还有三个节气。到了霜降时节，在江南的绿茶产区，茶树，叶片开始枯黄。此时的茶叶已不能采制。云南、广西、广东、福建、台湾等省，仍有少量的可采摘量。云南普洱茶的"老黄片"，广西六堡茶的"霜降老茶婆"，广东、福建、台湾乌龙茶的"雪片""冬片"，都是在此期间采摘的茶叶制作。

"霜降"节气里，喝什么茶？霜降时节，人体的气机在收敛，注意养脾胃以养肾气，起居避寒凉。适宜饮乌龙茶（凤凰单丛、安溪铁观音、武夷岩茶）、黄茶、红茶、白茶（白牡丹、寿眉，均在 3 年以上）、黑茶（普洱熟茶，广西六堡茶的"霜降老茶婆"，均在 3 年以上）。还要注意喝温茶水，不喝凉了的茶水。

星期二

十月二十三日 霜降

朱元璋推广散茶

中国古代饮茶方式多，代表特征是唐代煎茶，宋代
（延续在元代）点茶、斗茶，明代（延续在清代）撮
泡茶、壶泡茶。

在唐、宋代至元代，茶叶基本都是制成茶饼和团饼，
便于茶叶运输和茶叶交易，但茶饼和团饼在饮用前
要碾磨成末，很麻烦。而且，起于宋代的团饼茶素有
"一朝团焙成，价与黄金逞"，斗茶为乐，耗费人力物
力，延续助长奢侈生活，平民百姓消费不起。

明朝开国皇帝朱元璋，兴利去弊，在洪武二十四年
（公元 1391 年）九月十六，下诏令"罢造龙团，惟采
芽茶以进"，停止龙团制作，上到官僚，下到百姓都
必须遵守。这让"蒸而团之或蒸而饼之"的茶叶改头
换面，让当时的"斗茶"之风一扫而去……也对制茶
技艺的发展起了促进作用。

此之前，在元代末就已经开始了散茶，当时民间以饮
用芽茶散茶为主，开始出现取一撮芽茶散茶的冲泡茶
饮，但真正全国范围推广散茶还是从朱元璋开始。

十月二十四日

 今日记录

金萱茶

金萱茶，青茶（乌龙茶）类，产地分布台湾各产茶地区，为新创名茶。

全年可采 4~5 季（含早春茶），春茶开采于 4 月上中旬。采用的是台茶 12 号（金萱）品种茶树鲜叶为原料。选用鲜叶的标准是对夹 2~3 叶（对夹，指 1 叶与 2 叶子的生成开面、1 叶与 2 和 3 叶子的生成开面，大小差不多）。

制茶工艺工序是日光萎凋（晒青）、室内静置及搅拌（凉青及作青）、炒青、揉捻、初干、布球揉捻（团揉）、干燥。

成品金萱茶茶叶外观紧结重实成半球形，色泽翠绿；汤色金黄亮丽，香气浓郁具有独特的奶香；滋味甘醇；叶底青绿，基本上没有红边。

冲泡金萱茶时，茶与水的比例为 1∶12.5，投茶量 8 克，水 100 克（水 100 毫升）；主要泡茶具首选紫砂壶（投茶后，注水要快冲向壶内，盖上壶盖），也可用"三才碗"盖碗（投茶后，摇香，注水要快冲向茶碗，盖上茶盖）；适宜用水开沸点，静候降至摄氏 90~95 度（℃）时，冲泡茶叶。

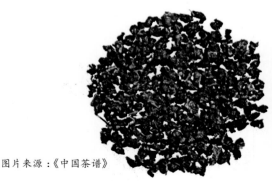

图片来源：《中国茶谱》

THURSDAY. OCT 25, 2018

2018 年 10 月 25 日

农历戊戌年·九月十七

星期四

十月二十五日

今日记录

岳西翠兰

岳西翠兰，绿茶类，产于安徽省岳西县境内的二十多个乡镇（该地原属陆羽《茶经》所载盛产茶叶的寿州和舒州），创制于 1983 年。取名"岳西翠兰"，其主要原因是这种茶叶，色泽翠绿、形似兰花，产在岳西。

3 月中旬至 4 月下旬采摘，采用当地群体种茶树鲜叶为原料。选用鲜叶标准是：特级选用 1 芽 2 叶初展，芽长 3.5 厘米（cm）左右；特级以下要求 1 芽 2 叶，芽长 3.5 厘米（cm）左右。

制茶工艺工序是杀青、整形、初烘、足火。

成品岳西翠兰茶叶有"三绿"特点，即干茶色泽翠绿、汤色碧绿、叶底嫩绿。外形芽叶相连、自然舒展成朵，色泽翠绿；清香、高而持久，滋味鲜爽、回味甘甜，汤色碧绿明亮；叶底芽叶完整、嫩匀成朵。

冲泡岳西翠兰时，茶与水的比例为 1∶50，投茶量 3克，水 150 克（水 150 毫升）；主要泡茶具首选无色透明玻璃杯（采用下投法，先注水五分之一的开水，而后投入茶叶，半分钟后加注水 至杯的五分之四，用加盖），也可用"三才碗"（顺茶碗边注水后，用加茶盖）；适宜用水开沸点，静候待水温降至摄氏 85 度（℃）时才用于泡茶叶。

星期五

云海白毫

云海白毫，绿茶类，产于云南省西双版纳州勐海县，创制于 20 世纪 70 年代初。

清明前采摘，采用云海白毫茶以精选省级无性系优良茶树品种长叶白毫、国家级无性系良种云抗 10 号等茶树鲜叶为原料，选用鲜叶标准是 1 芽 1 叶或 1 芽 1 叶半开展，要求芽叶大小、长短、色泽均匀一致。芽叶采回后做到及时摊放，及时加工，保持芽叶新鲜。

制茶工艺工序是摊青、杀青、揉捻、炒二青、整形、足干。

成品云海白毫茶叶外形条索紧直圆润、白毫披身、锋苗完整、色灰绿尚润；汤色尚嫩绿明亮，香气清鲜，滋味浓爽；汤色碧绿明亮；叶底芽叶完整、成朵。

冲泡云海白毫时，茶与水的比例为 1∶50，投茶量 3 克，水 150 克（水 150 毫升）；主要泡茶具首选"三才碗"（顺茶碗边注水后，用加茶盖）也可用无色透明玻璃杯（采用下投法，先注水五分之一的开水，而后投入茶叶，半分钟后加注水至杯的五分之四，用加盖）；适宜用水开沸点，静候待水温降至摄氏 85 度（℃）时才用于泡茶叶。

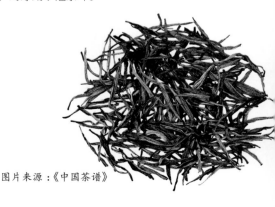

图片来源：《中国茶谱》

十月二十七日

昭关翠须

昭关翠须，绿茶类，产于安徽省含山县昭关山所在的长山山脉腹地，创制于 1987 年。

谷雨前开始采摘。采用当地群体种茶树鲜叶为原料，选用鲜叶标准是：极品茶选采细嫩的单芽，一级茶选采1芽1叶初展，二级茶选采 1 芽 1 叶或 1 芽 2 叶初展。新鲜芽叶采回后做到及时摊放，及时加工，保持芽叶新鲜。

制茶工艺工序是杀青、吹风散热、理条、整形、烘干。

成品昭关翠须茶叶外形紧直挺秀，色泽翠绿油润，白毫显露，香气馥郁，滋味鲜醇回甘，汤色清澈明亮，叶底嫩绿匀整。

冲泡昭关翠须时，茶与水的比例为 1：50，投茶量 3 克，水 150 克(水 150 毫升)；主要泡茶具首选"三才碗"（顺茶碗边注水后，"一、二级茶"用加茶盖），也可用无色透明玻璃杯（采用下投法，先注水五分之一的开水，而后投入茶叶，半分钟后加注水至杯的五分之四，不用加盖）；适宜用水开沸点，静候待水温降至摄氏 80 度（℃）时才用于泡茶叶（二级茶 85℃）。

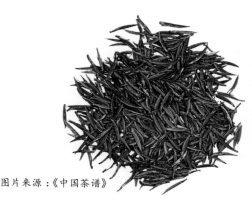

图片来源：《中国茶谱》

星期日

十月二十八日

 今日记录

震雷春

震雷春，绿茶类，产于河南省信阳市震雷山一带，创制于 1988 年。

清明前后开始采摘。采用无性系良种茶树白毫早、信阳 10 号良种茶树鲜叶为原料，选用鲜叶的标准是 1 芽 1 叶初展，精细采摘，保证芽叶大小均匀一致，茶叶白毫多。鲜叶采回后，薄摊于洁净、阴凉通风处，摊放时间 4 小时左右。

制茶工艺工序是杀青、初揉、初干、复揉、提毫、摊凉、烘干。

成品震雷春茶叶外形条索卷曲、多白毫，色泽翠绿；内质香气高鲜，汤色浅绿明亮，滋味鲜爽回甘，叶底嫩绿匀整。

冲泡震雷春时，茶与水的比例为 1 : 50，投茶量 3 克，水 150 克 (水 150 毫升)；主要泡茶具首选 "三才碗"(顺茶碗边注水后，加茶盖)，也可用无色透明玻璃杯 (采用下投法，先注水五分之一的开水，而后投入茶叶，半分钟后加注水至杯的五分之四，加盖)；适宜用水开沸点，静候待水温降至摄氏 80 度(℃)时才用于泡茶叶。

图片来源：《中国茶谱》

今日记录

诸暨绿剑

诸暨绿剑，绿茶类，产于浙江省诸暨市，创制于 20 世纪 90 年代。

清明前开始采摘。采用迎霜、浙农 117 等良种茶树鲜叶为原料，采摘鲜叶标准是单芽，要求芽匀齐且肥壮，不带鱼叶、单片、茶蒂，无病虫斑。

制茶工艺工序是摊青、杀青、初烘理条、整形、复烘、辉锅捷香、分级。

成品诸暨绿剑茶叶形如绿色宝剑、尖挺有力，色泽嫩绿 汤色清澈明亮，滋味鲜嫩爽口，香气清高；叶底嫩绿，全芽匀齐。

冲泡诸暨绿剑时，茶与水的比例为 1∶50，投茶量 3 克，水 150 克（水 150 毫升）；主要泡茶具首选无色透明玻璃杯（采用上投法，先注水五分之三的开水，而后投入茶叶，后加注水至杯的五分之四，不用加盖），也可用"三才碗"（顺茶碗边注水后，不用加茶盖）；适宜用水开沸点，静候待水温降至摄氏 80 度（℃）时才用于泡茶叶。

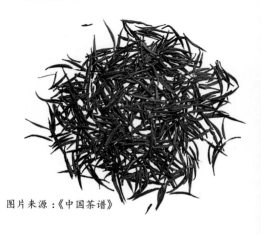

图片来源：《中国茶谱》

十月三十日

竹溪龙峰

竹溪龙峰，绿茶类，产于湖北省竹溪县，为新创名茶。

清明前开始采摘。选用鲜叶标准是含苞的1芽1叶，芽长于叶，芽叶全长2~2.5厘米(cm)，要求无病虫害、无紫芽、无红蒂。

制茶工艺工序是杀青、摊凉、初烘、揉捻、复干、复揉、干燥。

成品竹溪龙峰茶叶外形条索紧结壮实显锋苗，色泽翠绿，汤色嫩绿明亮，清香持久，浓醇爽口。龙峰茶系列的箭茶选用饱满单芽为原料，精工制作而成，外形似"箭"，周身显毫。

冲泡竹溪龙峰时，茶与水的比例为1：50，投茶量3克，水150克(水150毫升)；主要泡茶具首选"三才碗"(顺茶碗边注水后，加茶盖)，也可用无色透明玻璃杯(采用下投法，先注水五分之一的开水，而后投入茶叶，半分钟后加注水至杯的五分之四，加盖)；适宜用水开沸点，静候待水温降至摄氏80度（℃）时才用于泡茶叶。

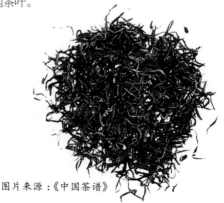

图片来源：《中国茶谱》

今日记录

品茶图

品茶图 (明) 文征明 台北故宫博物院收藏

画中茅屋正室，内置矮桌，文征明、陆子傅对坐，桌上只有清茶一壶二杯。侧尾有泥炉砂壶，童子专心候火煮水。根据书题七绝诗，末识："嘉靖辛卯，山中茶事方盛，陆子傅对访，遂汲泉煮而品之，真一段佳话也。"

十一月一日

 今日记录

白琳工夫

白琳工夫，红茶类，系福建三大工夫茶之一，"闽红"工夫茶系政和工夫、坦洋工夫和白琳工夫的统称。产于福建省福鼎县，创制于清代后期，为历史名茶。

4 月上中旬开始采摘。采用福鼎大白茶、福安大白茶品种茶树鲜叶为原料，选用鲜叶的标准是 1 芽 2~3 叶。要求进厂解叶分级摊放，按级付制。

制茶工艺工序是萎凋、揉捻、发酵、干燥。

成品白琳工夫外形条索细长弯曲，茸毫多呈颗粒绒球状，色泽黄黑；内质香气鲜纯有毫香带有苹果香，汤色"橘红"般红艳，滋味清鲜甜和，叶底艳丽红亮。

冲泡白琳工夫时，茶与水的比例为 1：30，投茶量 5克，水 150 克（水 150 毫升）；主要泡茶具首选"三才碗"（顺茶碗边缘缓缓注水后，加茶盖），也可用无色透明玻璃杯（采用下投法，先注水五分之一的开水，而后投入茶叶，半分钟后加至杯的五分之四，加用盖）；适宜用水开沸点，静候待水温降至摄氏 85 度（℃）时才用于泡茶叶。出汤在 1~3 秒以内。

星期五

十一月二日

 今日记录

闽北乌龙

闽北乌龙，青茶（乌龙茶）类，主产区分布于福建省建瓯市、建阳市、南平市延平区、顺昌等地，地处福建省北部（闽北），为历史名茶。闽北乌龙产区以建瓯东峰一带为中心，著名的北苑遗址位于今建瓯市东峰镇境内，北苑是宋元时期著名的宫廷御茶园，在东峰现存有100多年历史的矮脚乌龙茶树，是台湾当家品种青心乌龙的亲缘树，立有"百年乌龙"碑记。

春、夏、秋各茶季皆可采摘。选用鲜叶的标准是顶芽形成驻芽后采3~4叶（驻芽，驻芽：当新梢完全成熟时，叶面都展开了，顶芽转入休眠状态，驻停着活而细小的芽），要求鲜叶嫩度适中，匀净、新鲜。

制茶工艺工序是晒青、摇青、杀青、揉捻、烘干。

成品闽北乌龙茶叶外形条索紧结重实，叶端扭曲，色泽乌润；内质熟香清高细长，滋味醇厚带鲜爽，入口爽适，汤色清澈呈金黄色；叶底柔软，肥厚匀整，绿叶红镶边（三分红七分绿）。

冲泡闽北乌龙时，茶与水的比例为1∶14，投茶量7克，水100克（水100毫升）；主要泡茶具首选"三才碗"盖碗（投茶后，摇香，注水要快冲向茶碗，盖上茶盖），也可用紫砂壶（投茶后，注水要快冲向壶内，盖上壶盖）；适宜用水开沸点，静候降温至摄氏95度（℃）时冲泡茶叶。

图片来源：《中国茶谱》

SATURDAY. NOV 3，2018

2018 年 11 月 3 日

农历戊戌年·九月廿六

星期六

十一月三日

今日记录

恩施玉露

恩施玉露，绿茶类，是中国罕有的传统蒸青绿茶，曾称"玉绿"，毫白如玉，故改名"玉露"，产于湖北省恩施市东南部，为历史名茶。所产茶叶曾被作为"施南方茶"在唐代即有记载。

春、夏、秋茶季，均有采摘。采用湖北省无性系良种茶树鲜叶为原料，选用鲜叶的标准是 1 芽 1 叶或 1 芽 2 叶，大小均匀，节短叶密，芽长叶小，色泽浓绿。

制茶工艺工序是蒸青（蒸汽杀青）、扇干水汽、铲头毛火、揉捻、铲二毛火、整形上光（手法为：搂、搓、端、扎）、烘焙、拣选。其中"整形上光"是制成玉露茶光滑油润，挺直紧细，汤色清澈明亮，香气清高味醇的重要工序。

成品恩施玉露春茶外形条索紧结，芽头硕壮扁平，墨绿润泽明亮，清高香气；汤色嫩绿，香气浓，滋味清香清新爽口；叶底柔软鲜绿。夏茶外形条索较粗松，色杂，叶片较大，叶芽木质分明，香味清正浓烈；茶汤味涩，色泽浓绿；滋味青涩多变醇厚；叶底质硬，叶脉显露，夹杂铜绿色叶。秋茶外形条索紧细、丝筋多、轻薄、色绿；茶汤色淡，茶色黄绿。味道平和微甜，香气淡；叶底质柔软，多铜色单叶片。

冲泡恩施玉露时，茶与水的比例为 1：50，投茶量3克，水150克(水150毫升)；主要泡茶具玻璃杯、"三才碗"（盖碗）；水开沸点后，静候水温降至摄氏 80-85 度（℃）时（春茶80℃，夏茶、秋茶85℃），沿杯（碗）壁缓缓倒入杯中冲泡茶叶。

图片来源：《中国茶谱》

SUNDAY. NOV 4, 2018

2018 年 11 月 4 日

农历戊戌年·九月廿七

星期日

十一月四日

本山

本山，青茶（乌龙茶）类，产于福建省安溪县芦田镇，为新创名茶。

一年四季皆可制茶，4月底至5月初开始采春茶，至10月上旬采秋茶。采用无性系茶树良种本山品种茶树鲜叶为原料（该品种属灌木型，中叶类，中芽种，原产于安溪县西坪、尧阳，已有100多年栽培史，主要分布在福建乌龙茶区）。选用鲜叶的标准是驻芽3叶，俗称"开面采"（驻芽，驻芽：当新梢完全成熟时，叶面都展开了，顶芽转入休眠状态，驻停着活而细小的芽）。要求鲜叶嫩度适中，匀净、新鲜。

制茶工艺工序是晒青、凉青、做青、炒青、揉捻、包揉、烘干。

成品本山茶叶外形紧结重实，光泽绿艳鲜润；内质兰花香清幽细长，滋味醇厚鲜爽回甘，汤色金黄明亮，叶底厚软明亮。

冲泡本山时，茶与水的比例为1：12.5，投茶量8克，水100克（水100毫升）；主要泡茶具首选紫砂壶（投茶后，注水要快冲向壶内，盖上壶盖），也可用"三才碗"盖碗（投茶后，摇香，注水要快冲向茶碗，盖上茶盖）；适宜用水开沸点摄氏100度（℃）时冲泡茶叶。

图片来源：《中国茶谱》

星期一

十一月五日

李德裕与惠山泉

李德裕，是唐武宗时的宰相，他善于品水鉴泉。

李德裕在朝廷任职时，有一茶友亲知奉使说口（说口：今江苏镇江）。李德裕托他："还日，金山下扬子江中急水，取置一壶来"。其人忘了，舟上石头城，才记起嘱托，此时，忙汲装了一瓶，还回京城时，以此献给李德裕。李饮后非常惊讶，说：江南水味，不同于昔年过去了，"此颇似建业石头城下水"。其人不敢隐，如实说明原由。事见五代南唐尉迟偓《中朝故事》。

李德裕，喜好饮用惠山泉，不远数千里设置驿站传送。有一位老僧对此特权挥霍不以为然，专门拜见李德裕，说相公要饮惠泉水，不必到无锡去专递，只要取京城的昊天观后的水就行。李德裕大笑其荒唐，便暗地让人取来惠泉水和昊天观水各一瓶，做好记号，并加上其他各种泉水，一起送到老僧处请他品鉴，请其找出惠泉水来，老僧一一品赏之后，从中取出两瓶。李德裕揭开记号一看，正是惠泉水和昊天观水，李德裕大为惊奇，不得不信。于是，再也不用"水递"来运输惠泉水了。事见宋代唐庚《斗茶记》。

今日记录

茶和二十四节气时令·立冬

"立冬"是每年二十四节气中的第 19 个节气。立冬节气，表示秋季结束，冬季开始。立冬，"万物收藏"。立冬之后，茶树需要进行冬季休眠期，不宜采摘制茶了。

"立冬"节气里，喝什么茶？立冬时节，顺应滋阴潜阳，养脾胃，少食生冷，调适寒热。适宜饮乌龙茶（武夷岩茶、凤凰单丛、安溪铁观音）、红茶、白茶（白牡丹、寿眉，均在 3 年以上）、黑茶（普洱熟茶，广西六堡茶，均在 3 年以上）、黄茶。还要注意喝热茶水，不喝凉了的茶水。

十一月七日 立冬

狗牯脑茶

狗牯脑茶，也曾称为玉山茶，绿茶类，产于江西省遂川县汤湖乡狗牯脑山。创制于清代嘉庆年间，为历史名茶。

4月初开始采摘。选用鲜叶标准是1芽1叶初展。要求鲜叶采自当地茶树群体小叶种，做到不采露水叶，雨天不采叶，晴天的中午不采叶。鲜叶采回后还要进行挑选，剔除紫芽叶、单片叶和鱼叶。

制茶工艺工序是拣青、杀青、初揉、二青、复揉、整形、提毫、炒干等。

成品狗牯脑茶茶叶的外形是外形紧结秀丽，芽端微勾，白毫显露，香气清高，略有花香；冲泡水后茶叶速沉，液面无泡，汤色清明，滋味醇厚，回味甘甜；叶底黄绿。

冲泡狗牯脑茶时，茶与水的比例为1∶60，投茶量3克，水180克(水180毫升)；主要泡茶具首选玻璃杯，也可用"三才碗"(盖碗)；适宜用开水，静候待水温降至摄氏85度（℃）时冲泡茶叶。

图片来源：《中国茶谱》

阳羡茶文化博物馆

阳羡茶文化博物馆是一家茶文化主题体验博物馆，位于江苏省宜兴西渚镇云湖景区香林路东侧。每日8:00~17:00向公众开放。

宜兴阳羡茶文化博物馆将茶文化收藏展示、科普宣传、社会研究、文化传播、茶艺表演等集于一体，另有学术交流、贵宾接待、休闲品茗、商务活动等配套设施。同时通过山水园林式布局的茶文化廊将整个核心区域相互衔接，从而成为展示阳羡茶文化的重要窗口，又成为具有山水生态园林特色的旅游景观。宜兴阳羡茶文化博物馆共有两部分组成，第一部分为主楼，共分7个专业展厅和1个临时展厅，通过文字和展品等形式，采用声、光、电等高科技手段，详细介绍和展现"阳羡御茶"的形成、传承和发展的历史，以及在此基础上形成的阳羡茶文化。第二部分为风情茶苑，共设置了三个各具代表性的风情茶馆，供游客休憩品茶。

星期五

十一月九日

茶谚·基肥足，春茶绿

深秋初冬全国各大茶区开始做入冬准备，茶农给茶园做清园、除草、除虫，深耕施肥、浅沟追肥，覆盖蓬草、薄膜等工作，以确保茶园顺利过冬和提升来年春茶的品质。

因茶树是多年生作物，在年生长周期中总是不停地吸收所需的养分，即使在低温越冬期间，地上茶树部进入休眠状态时，地下茶树根系部分仍有吸收能力，并把所吸收的营养物质贮存于根系等器官中，以供翌年，尤其是春茶前生长之需。茶谚"基肥足，春茶绿"揭示了这个事实。实际上，基肥不仅对春茶有影响，而且对茶树全年的生长发育都有影响。因此，无论是幼龄茶园、成龄茶园或衰老茶园，都应重视基肥施用。

施基肥一般用菜饼肥、农家肥、化学有机肥等。

SATURDAY. NOV 10, 2018

2018 年 11 月 10 日

农历戊戌年·十月初三

今日记录

黄山徽茶文化博物馆

黄山徽茶文化博物馆是集徽州文化展示、收藏、旅游等为一体的大型地方综合性博物馆，也是国内唯一全面体现徽州文化主题的博物馆，位于安徽省黄山市徽州区迎宾大道 118 号。博物馆坐落在黄山市，占地 157 亩，建筑面积 14000 平方米。2012 年 4 月正式对外开放免费参观。

博物馆分五个展区和 6 个接待大厅。其中展区有"千载话茶香"以徽州厅堂、徽茶器具、徽州遗址图、文献资料、徽茶史略等为主要展示；"尘寰有神品"国家级非物质文化遗产黄山毛峰传统制作技艺茶机具和首创黄山毛峰"机械法"原始茶机具及徽茶的分类、徽州茶人等为主要展示；"行止寄胸怀"以徽州茶人开山种茶选地、选种、选苗、炒茶、揉茶、焙茶和选茶水、观茶质、选茶具、闻茶香、品茶味、施茶、礼茶、及传统的茶叶检验器具等为主要展示；"茗器盛薪海"以徽茶历史以不同年代、不同材质、不同造型的茶器皿等为主要展示；"追忆似水流年"以徽茶历史的文献资料及现代电子影像为主要展示。接待大厅有黄山毛峰传统制作技艺传习、茶艺、产品等 2 个大厅和永庆堂、听雨轩、富溪堂、同丰堂 4 个品茗接待大厅，全面展示了徽茶几千年的茶文化和发展历史。

SUNDAY. NOV 11, 2018

2018 年 11 月 11 日

农历戊戌年·十月初四

十一月十一日

星期日

 今日记录

5-1 喻茶的谚语

贮藏好，无价宝。

嫩香值千金。

素食清茶，爽口爽心。

时新茶叶，陈年酒。

从来佳茶如佳人。

山间乃是人家，清香嫩蕊黄芽。（指：茶的产地以山区为佳，取嫩蕊黄芽得鲜美清香。是名优高品质茶叶的一个标准。）

MONDAY. NOV 12, 2018

2018 年 11 月 12 日

农历戊戌年 · 十月初五

十一月十二日

星期一

 今日记录

5-2 礼茶的谚语

客来敬茶。

客到茶烟起。

橙子芝麻茶，吃了讲天话。

茶香留客住，重叙故乡情。

茶七饭八酒加倍。（提示：给客人倒茶水的量，以碗容量的七成为宜，盛饭以碗容量的八成为宜，酒则要及时添满盅。）

TUESDAY. NOV 13, 2018

2018 年 11 月 13 日

农历戊戌年 · 十月初六

星期二

十一月十三日

 今日记录

5-3 饮茶的谚语

宁可一日不食，不可一日无茶。

新沏茶清香有味，隔夜茶伤脾胃。

头茶苦，二茶涩，三茶好吃摘勿得。（这里的头茶，指开春第一次采摘的茶鲜制成的茶成品。）

头交水，二交茶。（提示：头一道开水冲泡，这里的头交是指第一次冲泡水，茶还不能被充分泡出茶汁，及至二、三道开水才能将茶汁滋味溶泡出来。）

头茶气芳，二茶易馊，三茶味薄。（这里的头茶，是指炒青绿茶的第一泡茶的茶汤。）

白天皮包水，晚上水包皮。（提示：白天多喝茶是"皮包水"，晚上勤洗浴如"水包皮"，就是天天以饮茶洗涤内脏，以汤浴清洗肌肤，内外清爽，延年益寿。）

WEDNESDAY. NOV 14, 2018

2018 年 11 月 14 日

农历戊戌年 · 十月初七

 今日记录

5-4 名茶的谚语

金沙泉中水，顾渚山上茶。

顾渚茶叶金沙水。

莫干黄芽色金黄。

莫干青龙茶。

龙潭水，碧坞茶。

莫干清凉世界，竹荫十里茶香。

半月泉中水，东山岭上茶。

平地有好花，高山有好茶。

砂土杨梅黄土茶。

星期四

十一月十五日

今日记录

5-5 种茶的谚语

惊蛰过，茶脱壳。(指：茶新芽叶的"潜育期"到了。)

谷雨茶，满地抓。

向阳好种茶，背荫好插柳。

茶叶不怕采，只要肥料待。

若要茶，二八耙。(二、八指农历的二月和八月)

拱拱虫，拱一拱，茶农要吃西北风。

头茶勿采，二茶勿发。清明发芽，谷雨采茶。春茶一把，夏茶一头。片叶下山，越采越发。早采为茶，晚采为茗。立夏茶，夜夜老，小满后茶变草。茶过立夏，一夜粗一夜。夏茶养丛，秋茶打顶。立夏过，茶生骨。嫩茶轻，老茶重。茶叶好比时辰草，日日采来夜夜炒。茶叶本是时辰草，早三日是宝，迟三日是草。开园撩蕻头，当旺采嫩头，洗蓬单片叶。采高勿采低，采密不采稀。

FRIDAY. NOV 16, 2018

2018 年 11 月 16 日

农历戊戌年·十月初九

星期五

今日记录

椪风乌龙

椪风乌龙，青茶（乌龙茶）类，又称膨风茶、东方美人茶、白毫乌龙、香槟乌龙，为新创名茶。椪风乌龙主要有台湾新竹县、苗栗县及台北县坪林、石碇两大茶产区，包装名称各地不同，产于新竹县北埔乡，名"膨风茶"或"椪风茶"；产于新竹县峨嵋乡，名"东方美人茶"；产于苗栗县头份乡、三湾乡，则沿用旧称"番庄乌龙"。

采摘期在炎夏6、7月，即端午节前后10天。采摘经茶小绿叶蝉吸食的青心大茶树嫩芽，1芽1~2叶。

制茶工艺工序是日光萎凋，室内静置及搅拌、炒青、覆布回润（多这道以布包裹置入竹篓或铁桶内的静置"覆布回润"或称回软的二度发酵程序）、揉捻、解块、烘干。发酵程度50~60%。

成品椪风乌龙茶叶外形条索舒松，枝叶连理，色泽白绿黄红褐五色相间，白毫显露，汤色呈琥珀茶色，具熟果香、蜜糖香，滋味圆柔醇厚，叶底红绿微亮。

冲泡椪风乌龙时，茶与水的比例为1：14，投茶量7克，水100克(水100毫升)；主要泡茶具首选"三才碗"盖碗（投茶后，摇香，注水要快冲向茶碗，盖上茶盖），也可用紫砂壶（投茶后，注水要快冲向壶内，盖上壶盖）；适宜用水开沸点，静候降至摄氏90度（℃）时冲泡茶叶。

图片来源：《中国茶谱》

星期六

十一月十七日

敬亭绿雪

敬亭绿雪,绿茶类,属于烘青型绿茶,产于安徽省宣州市敬亭山一带,创制于明代,为历史名茶。

清明至谷雨间采摘。敬亭绿雪以楮叶群体种鲜叶为主要原料,选用鲜叶标准是 1 芽 1 叶初展,长约 3 厘米(cm),采摘要求嫩、均、净、齐,芽尖与叶尖平齐,形似雀舌,大小匀齐。

制茶工艺工序是杀青、做形、干燥。

成品敬亭绿雪茶叶的外形是条索似雀舌,挺直饱满,色泽翠绿,白毫显露,芽叶相合、不脱不离;汤色清澈明亮似雪飘,香气清鲜持久呈花香,滋味醇和爽口回甜甘;叶底嫩绿肥壮成朵状。

冲泡敬亭绿雪时,茶与水的比例为 1:50,投茶量 3克,水 150 克(水 150 毫升);主要泡茶具首选"三才碗"(盖碗),也可用玻璃杯;适宜用开水,静候待水温降至摄氏 80 度(℃)时冲泡茶叶。

图片来源:《中国茶谱》

星期日

十一月十八日

无锡毫茶

无锡毫茶，绿茶类，产于江苏省无锡市的市郊太湖之滨，创制于 1979 年。明代就有惠山寺僧植茶的记载。

无锡毫茶，春茶季、夏茶季、秋茶季均有采摘。选用无性系大毫茶树良种茶树的幼嫩茶叶为原料，选用鲜叶标准：一级以 1 芽 1 叶初展为主；二级以 1 芽 1 叶半开展；三级以 1 芽 1 叶开展；四级以 1 芽 2 叶初展为主。夏、秋茶以 1 芽 2 叶开展为主。采回鲜叶及时在室内阴凉清洁的地板上进行摊凉后付制。

制茶工艺工序是杀青、揉捻、搓毫、干燥。

成品无锡毫茶茶叶的外形是条索肥壮卷曲，色泽银灰透翠，身披茸毫，香高持久，汤色绿而明亮，滋味鲜醇，叶底肥嫩匀亮。

冲泡无锡毫茶时，茶与水的比例为 1∶50，投茶量 3 克，水 150 克(水 150 毫升)；主要泡茶具首选"三才碗"(盖碗)，也可用玻璃杯、紫砂壶、瓷壶；适宜用开水沸点后，静候待水温降至摄氏 80~85 度（℃）时冲泡茶叶（春茶 80℃，夏茶、秋茶 85℃）。

据《无锡金匮县志》记载，明代惠山寺僧人普珍在惠山山麓植松种茶，明洪武二十八年（1395 年），普珍请湖州竹工编制了一个烹泉煮茶的竹炉，里面填土，炉心装铜栅，用松树煮二泉水泡茶，招待文人雅士。名士纷纷为竹炉题诗作画吟唱，记为文坛雅事。明画家王绂就画有"竹炉煮茶图"，明王问的"煮茶图"和清代董诰的"复竹炉煮茶图"亦绘制了竹炉煮茶画记雅事。

图片来源：《中国茶谱》

星期一

十一月十九日

今日记录

东汉末至三国"茶"字青瓷罍

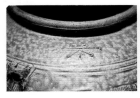

精品青瓷罍，东汉末至三国时期的四系印纹青瓷罍，琢刻于器身肩部有一个隶书的"茶"字，与现在的"茶"字几乎一模一样。

东汉末至三国"茶"字青瓷罍（湖州博物馆）

这是首次发现有"茶"字铭文的贮存器物，创造了新的历史。

"茶之始，其字为荼。"一般认为"茶"字在唐代中期，尤其是陆羽《茶经》问世之后，才被广泛使用。瓷器用字基本都是当时的通用字，否则工匠们会感到生疏或费解，这些都可以说明至少在三国时"茶"字已经在本地区通用，为"茶"字的起源研究提供了极好的实物佐证，也是"茶"字变迁的一次新的解读。

罍（读作"雷"）是商朝晚期至东周时期大型的盛酒和酿酒器皿，有方形和圆形两种形状，其中方形见于商代晚期，圆形见于商朝和周朝初年。从商到周，罍的形式逐渐由瘦高转为矮粗，繁缛的图案渐少，变得素雅。

星期二

十一月二十日

君山银针

君山银针，黄茶类，产于湖南省岳阳城西洞庭湖中的君山岛，为历史名茶。君山岛唐代就已产茶。

清明前 3 天开始采摘。选用鲜叶标准是没有开叶的肥壮嫩芽，芽头长约 2.5~3.0 厘米（cm），芽蒂长约 0.2 厘米（cm），要求"九不采"：雨天不采、露水芽、紫色芽、空心芽、开口芽、冻伤芽、虫伤芽、瘦弱芽、过长过短的芽不采。

制茶工艺工序是杀青、摊放、初烘、初包、复烘、摊放、复包、干燥。

成品君山银针茶叶的外形芽头壮实挺直，茶芽大小长短均匀，形如银针，芽身金黄，黄毫显露，嫩香带毫香，享有"金镶玉"之誉；冲泡时，叶尖向水面悬空竖立，恰似群笋破土而出，又如刀枪林立，茶影汤色交相辉映，蔚成趣观，继而又徐徐下沉，随中泡次数而三起三落；茶汤色泽杏黄明澈，入口滋味甘醇，香气清鲜，叶底明亮。

冲泡君山银针时，茶与水的比例为 1：50，投茶量 3 克，水 150 克（水 150 毫升）；主要泡茶具宜用无色透明的玻璃杯（杯子高度 10~15 厘米，杯口直径 4~6 厘米）；适宜用水开沸点，静候待水温降至摄氏 80 度（℃）时冲泡茶叶。利用水的冲力，先快后慢冲入茶杯至二分之一，暂停而使茶芽湿透后，再冲至八分杯止。注意给水杯加上盖。

WEDNESDAY. NOV 21, 2018

2018 年 11 月 21 日

农历戊戌年 · 十月十四

星期三

十一月二十一日

今日记录

茶和二十四节气时令·小雪

"小雪"是每年二十四节气中的第20个节气。小雪是指降水的形态。南方地区北部开始进入冬季，而北方已进入封冻季节，长江中下游地区则陆续进入冬季的阴雨湿冷天气。这时的茶树在冬季休眠期，停止采摘制茶。

"小雪"节气里，喝什么茶？小雪时节，顺应养护阳气，祛寒暖胃，助温补益肾，安神养志。适宜饮红茶（滇红、祁红、闽红、英德红茶）、白茶（白牡丹、寿眉，均在3年以上）、黑茶（普洱熟茶、砖茶、广西六堡茶，均在3年以上）、乌龙茶。还要注意喝热茶水，不喝凉了的茶水。

THURSDAY. NOV 22, 2018

2018 年 11 月 22 日

农历戊戌年·十月十五

星期四

十一月二十二日 小雪

今日记录

黄花云尖

黄花云尖，绿茶类，产于安徽省宁国市，创制于 1983
年。

清明后茶树鲜芽长到 1 厘米左右就可以采摘。黄花云
尖以黄花山大叶群体种茶树鲜叶为主要原料，选用鲜
叶标准是 1 芽抱心至 1 芽 2 叶新梢。

制茶工艺工序是摊放、杀青、头烘、二烘和复烘等。

成品黄花云尖茶叶的外形是条索挺直平伏，形似梭
状，壮实匀齐，翠绿显毫；香气清高持久，含有花香；
汤色淡绿、清澈明亮，滋味醇爽回甜，叶底嫩绿匀
亮、肥厚较匀齐。

冲泡黄花云尖时，采用上投泡法为最佳。茶与水的比
例为 1：50，投茶量 3 克，水 150 克（水 150 毫升）；
主要泡茶具宜用玻璃杯；适宜用开水 100 度（℃）小
量倒入玻璃杯温杯预热后倒去，然后倒入五分之三的
摄氏 85~90 度（℃）的热水在玻璃杯中，这时才投入
黄花云尖茶叶，再注入热水至五分之四。

图片来源：《中国茶谱》

FRIDAY. NOV 23, 2018

2018 年 11 月 23 日

农历戊戌年·十月十六

星期五

十一月二十三日

今日记录

饶平奇兰

饶平奇兰，青茶（乌龙茶）类，产于广东省饶平县，为新创名茶。

春、夏、秋、冬各茶季皆可采摘。采用大叶奇兰茶树品种茶树鲜叶为原料，选用鲜叶的标准是开面2~3叶，要求鲜叶嫩度适中、匀净、新鲜。

制茶工艺工序是晒青、凉青、做青、杀青、揉捻、初焙、复揉、复焙、足干。

成品饶平奇兰茶叶外形条索紧结略壮实，色泽砂绿油润；内质兰香浓郁，香气高长，滋味醇厚，甘滑爽口，汤色橙黄、清澈明亮；叶底红边明显。

冲泡饶平奇兰时，茶与水的比例为 1∶14，投茶量 7 克，水 100 克（水 100 毫升）；主要泡茶具首选"三才碗"盖碗（投茶后，摇香，注水要快冲向茶碗，盖上茶盖），也可用紫砂壶（投茶后，注水要快冲向壶内，盖上壶盖）；适宜用水开沸点，静候降至摄氏 95 度（℃）时冲泡茶叶。

图片来源：《中国茶谱》

星期六

十一月二十四日

今日记录

台湾坪林茶业博物馆

台湾坪林茶业博物馆是一家现代化的茶业博物馆，位于台湾台北坪林乡水德村水聳凄坑 19-1 号。坪林茶业博物馆占地 27000 平方米。1997 年起，每天 9:00~17:00 对公众免费开放。

坪林茶业博物馆，一座闽南安溪风格的四合院，一幅江南古典庭园画幅。馆内介绍了茶的历史、茶的种类和古今中国茶文化的演变。博物馆四周为观光茶园、紫竹楼、明月楼两座茶艺馆。内部有展示馆、活动主题馆、多媒体馆、茶艺馆与推广中心等五大部份。

展示馆是茶业博物馆的主体，包含茶史、茶事、茶艺三个展示区。茶史展示区将茶的沿起、中国历代制茶、茶仪、茶叶文化与商务发展，从古至今层次分明铺成出来；茶事区对于茶的专业知识，从茶种、茶叶的分类、茶的成份、制造与茶叶的产销、评鉴等等，利用模型与实物的交错展示，做最详尽的介绍；茶艺展示区，从茶与茶器到饮茶的礼仪，交织成属于中国人特有的茶艺文化。茶艺单元介绍茶器的认识、如何判断好壶、如何养壶、婚礼茶仪、当代茶艺及特殊饮茶方式及台湾民俗中的甩茶。

博物馆外的餐馆或食肆有好多以茶叶烹调的菜肴和小吃，如茶鸡和茶面线，充满茶香。

十一月二十五日

今日记录

汉水银梭

汉水银梭，绿茶类，属于半炒半烘型绿茶，产于陕西省南郑县秦岭以南巴山北麓汉水上游，创制于1986年。

清明前后3、4天采摘。选用鲜叶标准是1芽1叶初展与1芽1叶开展。要求嫩芽初进，芽条均匀新鲜，身披浓厚的白雾，叶片上白白的茸毛间，散发出一种能洗净肺叶的清香。

制茶工艺工序是摊放、杀青、理条、做形（拍、甩、压、捺等手法交替进行）、提毫保苗、清风烘焙、拣剔包装。

成品汉水银梭茶叶的外形是条索扁平似梭，翠绿披白毫，色亮如银，嫩香持久并带花香；汤色澄碧，清冽明亮，香味清高，气息馥郁，初感有些微苦，徐徐啜饮，后味甘甜，耐冲泡；叶底柔嫩、芽头肥壮、嫩绿匀亮。

冲泡汉水银梭时，茶与水的比例为1∶60，投茶量3克，水180克(水180毫升)；主要泡茶具首选"三才碗"（盖碗），也可用玻璃杯；适宜用开水，静候待水温降至摄氏85度（℃）时冲泡茶叶。

星期一

十一月二十六日

茶旅游·梧州

六堡茶生态旅游区　　陈化仓库

梧州白鹤观

骑楼城

时效：一日游

主题：六堡茶品茗之旅

点线：梧州——白云山脚——中国六堡茶文化馆——
六堡茶生态旅游区——黑茶生产线——陈化仓库——
梧州白鹤观——骑楼城

星期二

十一月二十七日

茶谚·一天三瓯茶，医生走沓沓

福建省漳州市平和县是"中国白芽奇兰茶之乡"，当地的闽南话茶谚称："一天三瓯茶，医生走沓沓"。道出了茶叶对人的保健，"茶为万病之药"。

瓯：小盆。小型的撇口碗，多用作茶具。比茶盅、茶盏的容量要大。"沓沓"：这是"闽南话"的同音替代字，闽南话的意思是"撒撒、光光"。

中国人最先发现、认识茶和利用茶，对茶的利用，是从药用、食用开始，饮用则是在药用、食用的基础上形成的。人类对茶的利用已经有 5000 年的历史，经久不衰，就是因为茶不但能解毒提神，还对人体有营养和保健作用。现代科学研究，从茶叶中已经分离、鉴定的化合物有 700 多种，由于茶叶中含有丰富的茶多酚、生物碱、维生素、氨基酸、芳香物质和多糖类化合物等，茶叶对人体健康具有防癌抗突变、防治血管疾病、抗辐射、降血压、降血脂、降血糖、兴奋提神、利尿、解毒、助消化、杀菌消炎、防龋齿、除口臭、增强免疫、预防衰老的功效和作用。

星期三

十一月二十八日

茶旅游·英德

积庆里红茶谷

仙味馆

积庆里红茶谷

仙桥地下河

时效：二日游

主题：英德红茶品茗之旅

点线：英德——积庆里红茶谷——仙味馆——仙桥地下河

积庆里村坐落于山清水秀的英德市横石塘镇，据文化与文物专家考证，积庆里村始建于 800 年前的宋代时期。当地文献记载，"福由明德积，庆自太和彰"即为"积庆"二字的出处。如今，历经风雨洗礼却仍顽强不息的积庆里遗址现存两座牌楼，部分门院，若干石狮和拴马石。在积庆里遗址的入口处，有一座雕刻着历史印记的古门楼，门楼上横书楷体阴刻"积庆里"三字。800 年来，古门楼沉默而庄严地矗立着，向世人昭示着曾经的辉煌。不远处，那一座座厚重的栓马石，也记录着积庆里沧桑却又多彩的历史。

十一月二十九日

今日记录

王肃与"酪奴"

王肃，在魏国（魏国：今山西大同是其国都）魏孝文帝时，被授大将军长史。王肃从南朝齐国（齐国：今江苏南京）初来投奔，不食羊肉及酪浆等物，常饭鲫鱼羹，还是喜欢饮茶，渴饮茗汁，一饮斗量，被人号为"漏"。数年后，虽然没有改变原来的嗜茶，但同时也很会吃羊肉奶酪之类的北方食品。有一次，魏孝文帝在殿会上，问王肃：上好滋味，羊肉何如鱼羹，茗饮何如酪浆？王肃答说：羊者是陆地产之最，鱼者乃水族之长，所好不同，并各称珍。惟茗不中与酪作奴，茶的品味并不在奶酪之下。事见北魏杨之《洛阳伽蓝记》卷三。

星期五

十一月三十日

今日记录

滇红

滇红，红茶类，产于云南省临沧、保山、凤庆、西双版纳、德宏等地，主产在临沧、凤庆、勐海、双江、云县、昌宁等县。滇红包括滇红工夫和滇红碎茶。滇红工夫创制于 1939 年，为历史名茶。滇红碎茶 1958年试制成功。

滇红采用云南大叶种茶树鲜叶为原料，选用鲜叶的标准是 1 芽 2~3 叶。

制茶工艺工序是萎凋、揉捻、发酵、干燥。红碎茶初制工序是萎凋、揉切、发酵、干燥。

成品滇红外形条索紧结、肥硕，色泽乌润，金毫显露；内质香气鲜郁高长，冲泡后散发出自然果香和蜜香，滋味浓厚鲜爽，富有收敛性；汤色红艳；叶底红匀嫩亮。CTC 红碎茶外形颗粒重实、匀齐、纯净，色泽油润，内质香气甜醇，滋味鲜爽浓强，汤色红艳，叶底红匀明亮。

冲泡滇红时，茶与水的比例为 1∶30，投茶量 5 克，水 150 克（水 150 毫升）；主要泡茶具首选"三才碗"(顺茶碗边缘缓缓注水后，加茶盖)，也可用无色透明玻璃杯（采用下投法，先注水五分之一的开水，而后投入茶叶，半分钟后加至杯的五分之四，加用盖）；适宜用水开沸点，静候待水温降至摄氏 80~85 度（℃）时才用于泡茶叶。冲泡水，即入即出茶汤。

图片来源：《中国茶谱》

今日记录

绿碎茶

绿碎茶，绿茶类，产于全国绿茶产区。

选用鲜叶标准是春茶季中、后期嫩度好的鲜叶，和夏茶季、秋茶季早、中期的嫩叶，作为制茶原料。晴天采摘，不采雨水叶、病虫叶、冻伤叶和带紫红色鲜叶。保持原料的新鲜品质，随采随加工，鲜叶分堆摊放在干净的通风室内场地，堆放厚度不超过 20 厘米（cm），时间不超过 8 小时。

制茶工艺工序是杀青、揉捻、滚切、分筛、初烘、摊凉、复烘、摊凉、初筛、拣剔、复筛、复扇、包装。工业化生产。

成品茶叶的外形是呈沙粒形颗粒状、尚均，色泽绿润，无硬梗、杂物，香气持久；汤色鲜绿明亮、滋味浓醇鲜爽；叶底嫩绿明亮。

冲泡绿碎茶时，茶与水的比例为 1∶70，投茶量 3 克，水 210 克（水 210 毫升）；泡茶具用"三才碗"（盖碗）、玻璃杯、大瓷壶、茶杯等均宜；适宜用开水，静候待水温降至摄氏 90~95 度（℃）时冲泡茶叶。

图片来源：《中国茶谱》

SUNDAY. DEC 2, 2018

2018 年 12 月 2 日

农历戊戌年 · 十月廿五

今日记录

眉茶

眉茶，绿茶类，眉茶是条形炒青绿茶之一。眉茶因其茶条外形略弯以恰似老人的眉毛得名。眉茶主要产区为安徽、浙江、江西三省。湖南、贵州、四川、广东、云南，也有不小产量。眉茶是中国产区最广、产量较高、销区最稳、消费最普遍的茶。在国际茶叶市场上，也占有绿茶的相当份额。

眉茶原料为春茶季、夏茶季、秋茶季采摘的鲜叶，选用鲜叶标准是1芽2~3叶，晴天采摘，烈日高温则清早采摘，不采雨水叶、病虫叶、冻伤叶和带紫红色鲜叶。保持原料的新鲜品质，随采随加工。

初制茶工序是杀青、揉捻、干燥。采取单级付制，成品多级收回的方式，对样拼配，匀堆包装。各省眉茶加工的鲜叶原料以有及操作的方法不同，眉茶产品繁多。

成品眉茶茶叶的主要外形特征：外形条索细嫩紧结有锋苗，色泽绿润，内质香气高鲜，汤色绿明，滋味浓而爽口，富收敛性，叶底嫩绿明亮。

冲泡眉茶时，茶与水的比例为1：60，投茶量3克，水180克(水180毫升)；泡茶具用"三才碗"（盖碗）、玻璃杯、大瓷壶、茶杯等均宜；适宜用开水沸点，静候待水温降至摄氏90~95度（℃）时冲泡茶叶。

图片来源：《中国茶谱》

十二月三日

松柏长青茶

松柏长青茶，青茶（乌龙茶）类，原名埔中茶，或称松柏坑仔茶，产于台湾南投县名间乡的柏岭（名间乡旧名为松柏坑），为新创名茶。

4 月初开始采摘春茶。采用青心乌龙、四季春、台茶 12 号(金萱)、台茶 13 号(翠玉)品种茶树鲜叶为原料，选用鲜叶的标准是茶叶新梢生长至 1 芽 3~4 叶，要求当茶叶新梢生长至 1 芽 5~6 叶时，以双人式采茶机替代人工剪采 1 芽 3~4 叶，先筛除破碎叶片而后付制。

制茶工艺工序是经日光萎凋（晒青）、室内静置及搅拌（凉青、做青）、杀青、揉捻、初干、布球揉捻（团揉）、干燥、拣梗、烘焙。发酵程度 15%~20%。

成品松柏长青茶茶叶外形条索紧结，整体颜色墨绿鲜艳，外观为球形或半球形，香气清香持久，冲泡时象含苞待放的花蕾在杯中徐徐绽开，汤色金黄明亮见底清澈有油光，滋味嫩香回甘；叶底柔软绵绵，少见红边。

冲泡松柏长青茶时，茶与水的比例为 1：12.5，投茶量 8 克，水 100 克(水 100 毫升)；主要泡茶具首选"三才碗"盖碗（投茶后，摇香，注水要快冲向茶碗，盖上茶盖），也可用紫砂壶(投茶后，注水要快冲向壶内，盖上壶盖)；适宜用水开沸点，静候降至摄氏 95 度（℃）时冲泡茶叶。

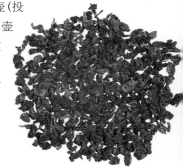

图片来源：《中国茶谱》

星期二

十二月四日

茯砖茶

茯砖茶，黑茶类，诞生于陕西省咸阳市泾阳县，最早原料来自陕西、四川，后期引进湖南的黑毛茶为原料，我国最大茯砖茶生产地在湖南益阳，1959 年投产。

目前茯砖茶分为特制和普通，特制茯砖（简称特茯）全部用三级黑毛茶作原料，而压制普通茯砖（简称普茯）的原料中，三级黑毛茶只占到 40%~45%，四级黑毛茶占 5%~10%，其他茶占 50%。

茯砖茶压制程序与黑、花两砖基本相同。成品茯砖茶外形长 35 厘米、宽 18.5 厘米、厚 5 厘米，每片砖净重均为 2 公斤。

特制茯砖砖面色泽黑褐，内质(金花)菌香气浓且纯正，滋味醇厚，汤色红黄明亮，叶底黑汤尚匀。普通茯砖砖面色泽黄褐，内质(金花)香气纯正，滋味醇和尚浓，汤色红黄尚明，叶底黑褐粗老。泡饮时达到汤红不浊，香清不粗，味厚不涩，口劲强，耐冲泡为佳。

茯砖茶烹煮法，用耐高温玻璃壶、陶壶、铁壶，茶 7 克，水 175 克，比 1：25；投茶用沸水润茶后倒去水，再注入冷水，煮至沸腾（专人全程事茶）。

茯砖茶泡饮法，主泡茶具首选盖碗、紫砂壶，也可用飘逸杯；茶 7 克，水 210 克，比 1：30；投茶并用沸水润茶后倒去水，再用摄氏 100 度（℃）开水冲泡。

茯砖茶调饮奶茶，将茯砖茶敲碎，投入沸水中，茶水比 1：20，熬煮 10 分钟后，加入相当于茶汤量五分之一的纯牛奶，煮开，然后用滤网滤去茶渣即成。

图片来源：《中国茶谱》

WEDNESDAY. DEC 5, 2018

2018 年 12 月 5 日

农历戊戌年·十月廿八

十二月五日 星期三

 今日记录

普陀佛茶

普陀佛茶，绿茶类，产于中国浙江普陀山。

历史上普陀所产的茶叶是晒青绿茶，称"佛茶"，又名"普陀山云雾茶"，普陀佛茶历史悠久，寺院提倡僧人种茶、制茶，并以茶供佛。僧侣围坐品饮清茶，谈论佛经，客来敬茶，并以茶酬谢施主。

普陀山茶一年仅采春茶一季，清明以后 3~5 天开始采摘，选用鲜叶标准是 1 芽 1 叶至 1 芽 2 叶初展，芽长 2.5~3.5 厘米（cm）。并要求匀、整、洁、清。采摘回来的鲜叶薄摊于鲜茶凉垫中。

制茶工艺工序是拣剔、摊放、杀青、揉捻、起毛搓团、干燥。炒制特别注意茶锅洁净，每一次炒茶，需洗刷一次茶锅。普陀山茶从栽种到采制，都特别注重洁净和生态，茶树从不施肥，仅拔除杂草，以草当肥。

成品普陀山茶茶叶的外形是条索外形条细、嫩、紧结、卷曲，色泽绿润、白毫显露。内质毫香馥郁，滋味鲜浓甘爽，汤色和叶底嫩绿明亮。

冲泡普陀山茶时，茶与水的比例为 1：50，投茶量 3 克，水 150 克（水 150 毫升）；主要泡茶具宜选紫砂壶、"三才碗"(盖碗) 或玻璃杯；适宜用开水沸点，静候待水温降至摄氏 85 度(℃)时冲泡茶叶。

图片来源：《中国茶谱》

星期四

十二月六日

茶和二十四节气时令·大雪

"大雪"是每年二十四节气中的第 21 个节气。大雪的意思是天气更冷，降雪的可能性比小雪时更大了。虽因地域不同而物候各异，但趋势却一致，此时气温更低，白昼更短。这时的茶树在冬季休眠期，停止采摘制茶。

"大雪"节气里，喝什么茶？大雪时节，顺应保护呼吸道和胃肠，保暖祛寒，养阴护阳。适宜饮乌龙茶（武夷岩茶、冻顶乌龙）、白茶（白牡丹、寿眉，均在 5 年以上）、黑茶（普洱熟茶、广西六堡茶、砖茶，均在 3 年以上）。还要注意喝热茶水，不喝凉了的茶水。

FRIDAY. DEC 7, 2018

2018 年 12 月 7 日

农历戊戌年·十一月初一

星期五

十二月七日 大雪

 今日记录

贡茶得官

宋徽宗时，宫廷里的斗茶是非常盛行。

据宋代胡仔《苕溪渔隐丛话》等记载：宣和二年，管理漕运的官员郑可简，创制了一种以"银丝水芽"制成的团茶"方寸新"。这种团茶色如白雪，故名为"龙园胜雪"。郑可简因此得宠，官升至福建路转运使。后来，郑可简又命他的侄子千里，到各地山谷去搜集名茶奇品，千里后来发现了一种叫做"朱草"的名茶，郑可简取到后则将"朱草"交给自己的儿子去进贡。于是，儿子也因贡茶有功而得了官职。有人讥讽说"父贵因茶白，儿荣为草朱"。

郑可简在儿子荣归故里时，大办宴席，热闹非凡，在宴会期间，郑可简得意地说到"一门侥幸"。此时，他的侄子千里，因为"朱草"被夺愤愤不平，立即对上一句"千里埋怨"。

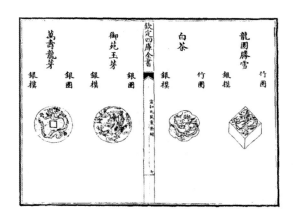

 今日记录

秦巴雾毫

秦巴雾毫，绿茶类，产于陕西省汉中地区的镇巴县。这里产茶历史悠久，据载，秦巴茶始于秦汉，相传，今镇巴县境内多处有大茶树，雌鸡岭的一棵大茶树的制茶，曾为汉朝贡茶。

清明前开始采摘。选用鲜叶标准是 1 芽 1 叶及 1 芽 2 叶初展。制茶工艺工序是摊放、杀青、初炒、初烘、整形等。

成品秦巴雾毫有明前茶、清明茶、雨前茶、谷雨茶四个品级，茶叶的外形是条索扁紧壮实，毫清晰，色绿油润；嫩香带果香气诱发，浓郁持久，汤色清澈明亮，滋味醇和回甘；叶底鲜嫩明亮成朵。

冲泡秦巴雾毫时，茶与水的比例为 1：50，投茶量 3 克，水 150 克(水 150 毫升)；主要泡茶具首选"三才碗"(盖碗)，也可用玻璃杯；适宜用开水，静候待水温降至摄氏 85 度（℃）时冲泡茶叶。

图片来源：《中国茶谱》

SUNDAY. DEC 9, 2018

2018 年 12 月 9 日

农历戊戌年 · 十一月初三

星期日

十二月九日

今日记录

瑞草魁

瑞草魁，绿茶类，又名鸦山茶，产于安徽南部的鸦山（古属宣城，今属郎溪县），1985年恢复创制，为历史名茶。古宣州鸦山产茶，陆羽《茶经》有记载，瑞草魁产于安徽南部的鸦山。唐代杜牧《题茶山》"山实东吴秀，茶称瑞草魁，剖符虽俗史，修贡亦仙才。"赞誉茶佳品瑞草魁。鸦山上古鸦山寺为古代鸦山茶创制地。

清明至谷雨间开始采摘。选用鲜叶标准是：前期要求1芽1叶，芽长于叶，制一等茶；中期采1芽2叶初展，芽与叶基本等长，制二等茶，后期1芽3叶，制三等茶。要求不采鱼叶，不采病虫叶，不采紫色芽叶，不采不符标准的芽叶。采茶时轻采轻放，防止损伤芽叶。一般上午采，及时送回，摊放4~6小时即可付制。

制茶工艺工序是杀青、理条做形、烘焙。

成品瑞草魁茶叶的外形是挺直略扁、肥硕饱满、匀齐，色泽翠绿，白毫隐现，香气清高持久，汤色淡黄绿清澈，滋味鲜爽，回甘醇厚；叶底嫩绿明亮、均匀成朵。

冲泡瑞草魁时，茶与水的比例为1：50，投茶量3克，水150克（水150毫升）；主要泡茶具首选"三才碗"（盖碗），也可用玻璃杯；适宜用开水，静候待水温降至摄氏80~90度（℃）时冲泡茶叶。

图片来源：《中国茶谱》

星期一

十二月十日

今日记录

文山包种

文山包种，青茶（乌龙茶）类，产于台湾北部的台北市和桃园等县，以新店、坪林、石碇、深坑、汐止、平溪产最出名，为新创名茶。

春、夏、秋、冬各茶季皆可采摘。谷雨前后采摘春茶，一年中可采 4~5 次。采用青心乌龙、台茶 12 号（金萱）、台茶 13 号（翠玉）、台茶 14 号（白文）品种茶树鲜叶为原料，选用鲜叶的标准是绵第 1 叶长至第 2 叶三分之一至三分之二面积的对夹 2~3 叶。采摘要求雨天不采，带露不采，晴天要在上午十一时至下午三时间采摘；春秋两季要求采 2 叶 1 心的茶青，采时需用双手弹力平断茶叶，断口成圆形，不可用力挤压断口；每装满一篓就要立即送厂加工。

制茶工艺工序是日光萎凋（晒青）、室内静置及搅拌(凉青、做青)、杀青、揉捻、干燥。发酵程度 8~10%。

成品文山包种茶叶外形呈条索状，紧结自然弯曲，色泽砂绿油润；内质兰香浓郁，香气清雅带花香，滋味醇滑润富活性，叶底浓绿呈亮。有香、浓、醇、韵、美五大特点。冲泡文山包种时，茶与水的比例为1：14，投茶量 7 克，水 100 克（水100 毫升）；主要泡茶具首选"三才碗"盖碗（投茶后，摇香，注水要快冲向茶碗，盖上茶盖），也可用紫砂壶（投茶后，注水要快冲向壶内，盖上壶盖）；适宜用水开沸点，静候降至摄氏 90 度（℃）时冲泡茶叶。

图片来源：《中国茶谱》

星期二

十二月十一日

今日记录

陆纳杖侄

晋代陆纳，曾任吴兴太守，累迁尚书令，有"恪勤贞固，始终勿渝"的口碑，是一个以俭德著称的人。有一次，卫将军谢安要去拜访陆纳，陆纳的侄子陆俶对叔父安排这么重要的招待，仅用茶果而不满。陆俶便自作主张，暗暗备下丰盛的菜肴。待谢安到来，陆俶便献上了这桌盛宴。待客人走后，陆纳气愤地指责侄子"汝不能光益父叔，乃复秽我素业耶！"并打了侄子四十大板，狠狠教训了一顿。事见《晋书·陆纳传》，唐代陆羽《茶经》转引晋《中兴书》。

WEDNESDAY. DEC 12, 2018

2018 年 12 月 12 日

农历戊戌年·十一月初六

 今日记录

赛山玉莲

赛山玉莲，绿茶类，产于河南省光山县赛山，创制于1986 年。

清明前后采摘，有说法"明前金，明后银，谷雨过后采茶停"。选用鲜叶标准是单个芽头，掌握"四选择、八不要、一摊放"的原则，选择挺直茁壮的幼枝，选择壮实匀整一致的单个芽头，选择高山、阴山茶园，选择生长旺盛的茶蓬；做到叶芽不要，无芽不要，过大不要，过小不要，淡色的不要，紫色的不要，（而且要在清晨雾中采摘）雾退不要采摘，（对采回的鲜芽）不要忘及时薄摊放在洁净的竹席上，1~2 小时后付制。

制茶工艺工序是杀青、做形、摊放、整形、烘干。

成品赛山玉莲茶叶的外形是条索扁平挺直，油绿润泽，白毫显露，嫩香清高持久；汤色浅绿明亮，滋味甘醇；叶底绿黄、明亮。

冲泡赛山玉莲时，茶与水的比例为 1：60，投茶量 3克，水 180 克（水 180 毫升）；主要泡茶具首选"三才碗"（盖碗），也可用玻璃杯；适宜水开沸点，静候待水温降至摄氏 80 度（℃）时冲泡茶叶。

图片来源：《中国茶谱》

星期四

十二月十三日

 今日记录

舒城兰花

舒城兰花，绿茶类，产于安徽省舒城县，庐江、桐城、岳西和霍山等县亦有生产兰花哥茶。创制于明末清初，为历史名茶。

谷雨前后开始采摘，采摘期 10~15 天，选用鲜叶标准是：制特级兰花茶采用 1 芽 2 叶初展，1 芽 2~3 叶制小兰花茶，1 芽 4~5 叶制大兰花茶；采回的鲜叶晾干表面水后及时付制。

制茶工艺工序是杀青、揉捻、烘焙。

成品舒城兰花茶叶的外形是芽叶成朵相连似兰草，色泽翠绿匀润，毫锋显露；内质香气兰花香，鲜爽持久，汤色嫩绿明净，滋味甘醇，叶质厚实耐冲泡；叶底匀整、呈嫩黄绿色。

冲泡舒城兰花时，茶与水的比例为 1∶50，投茶量 3 克，水 150 克(水 150 毫升)；主要泡茶具首选"三才碗"(盖碗)，也可用玻璃杯、紫砂壶、瓷壶；适宜用开水，静候待水温降至摄氏 80~90 度（℃）时冲泡茶叶（特级兰花茶 80℃，小兰花茶 85℃，大兰花茶 90℃）。

图片来源：《中国茶谱》

FRIDAY. DEC 14, 2018

2018 年 12 月 14 日

农历戊戌年·十一月初八

星期五

十二月十四日

 今日记录

松萝茶

松萝茶，绿茶类，产于黄山市休宁县休歙边界黄山余脉的松萝山，为历史名茶。松萝茶创于明初，明代闻龙《茶笺》记载："茶初摘时，须拣去枝梗老叶，惟取嫩叶，又须去尖与柄，恐其易焦，此松萝法也。"

松萝茶以当地松萝群体种茶树鲜叶为主要原料，于谷雨前后采摘。选用鲜叶标准是 1 芽 2~3 叶。鲜叶采回后要经过验收，不能夹带鱼叶、老片、梗等，并做到现采现制。

制茶工艺工序是杀青、揉捻、烘干。加工方法与屯绿（炒青）基本相同，但技术要求更加严格。

成品松萝茶茶叶的外形是条索条索紧卷匀壮，色泽绿润；香气高爽，滋味浓厚，带有橄榄香；汤色绿明，叶底绿嫩。

冲泡松萝茶时，茶与水的比例为 1：50，投茶量 3 克，水 150 克（水 150 毫升）；主要泡茶具首选"三才碗"（盖碗），也可用玻璃杯；适宜用开水沸点后，静候待水温降至摄氏 85 度（℃）时冲泡茶叶。

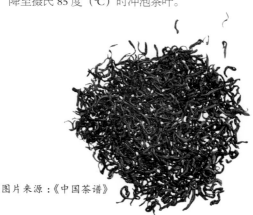

图片来源：《中国茶谱》

SATURDAY. DEC 15, 2018

2018 年 12 月 15 日

农历戊戌年·十一月初九

星期六

十二月十五日

 今日记录

太湖翠竹

太湖翠竹，绿茶类，产于江苏省无锡市太湖一带，创制于 1986 年。

太湖翠竹不但春茶季采摘，夏茶季也有采摘。选用鲜叶标准是 1 芽 1 叶初展，要求"七不采"，不采雨水叶、紫芽叶、病虫叶、对夹叶、焦边叶、老叶和鱼叶；采回后经拣剔去杂才付制。

制茶工艺工序是鲜叶摊放、杀青、整形、烘干、辉炒提香。

成品太湖翠竹茶叶的外形是扁似竹叶，色泽翠绿油润。内质滋味鲜醇，香气清高持久，汤色清澈明亮，叶底嫩绿匀整。

冲泡太湖翠竹时，茶与水的比例为 1：50，投茶量 3 克，水 150 克(水 150 毫升)；主要泡茶具首选"三才碗"(盖碗)，也可用玻璃杯、紫砂壶、瓷壶；适宜用开水沸点后，静候待水温降至摄氏 80~85 度（℃）时冲泡茶叶（春茶 80℃，夏茶 85℃）。

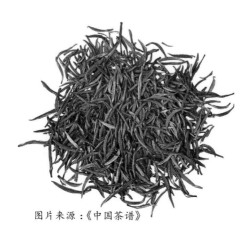

图片来源：《中国茶谱》

SUNDAY. DEC 16, 2018

2018 年 12 月 16 日

农历戊戌年·十一月初十

星期日

十二月十六日

 今日记录

天目青顶

天目青顶，又称天目云雾茶，绿茶类，产于浙江省临安市天目山，为新创名茶。天目山早在唐代就产茶，陆羽在《茶经·八之出》载有："杭州临安、于潜二县生天目山与舒州同。"

4月上、中旬开始采摘。选用鲜叶标准是1芽1叶初展至1芽2叶，要求：选晴天叶面露水干后开采。用手指合力提采，不能用指甲掐，不能带鱼叶；采下的鲜叶分级别、壮龄茶树、老龄茶树、晴天、雨天、露水鲜叶，薄摊在洁净的竹匾上，置阴凉处5~6小时后付制。

制茶工艺工序是杀青、揉捻、炒二青、烘干。

成品天目青顶茶叶的外形是条索尚直，芽毫显露，色泽深绿，油润有光，香气馥郁持久，汤色清绿明亮，滋味醇厚，回味甘冽，叶底嫩匀成朵。

冲泡天目青顶时，茶与水的比例为1∶50，投茶量3克，水150克(水150毫升)；主要泡茶具首选"三才碗"(盖碗)，也可用玻璃杯、紫砂壶、瓷壶；适宜用开水沸点后，静候待水温降至摄氏85度(℃)时冲泡茶叶。

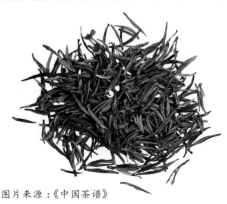

图片来源：《中国茶谱》

星期一

十二月十七日

武夷岩茶

武夷岩茶，青茶（乌龙茶）类，产于福建省武夷山，创制于明末清初，为历史名茶。主产区位于慧苑坑、牛栏坑、大坑、流香涧、悟源涧一带，选择优良茶树单独采制成的岩茶称为"单丛"，品质在奇种之上，单丛加工品质特优的称为"名丛"，如"大红袍""铁罗汉""白鸡冠""水金龟"四大名丛。

武夷茶区春茶于立夏前 3~5 天开采，采摘鲜叶以中开面至大开面 2~3 叶。

制茶工艺工序是萎凋（日光、加温）、凉青、摇青与做手、炒青、初揉、复炒、复揉、走水焙、扇簸、凉索（摊凉）、毛拣、足火、团包、炖火。

成品武夷岩茶茶叶外形条索肥壮紧结匀整，带扭曲条形，俗称"蜻蜓头"，叶背起蛙皮状砂粒，叶基主脉宽扁明显；色泽绿褐，油润带宝光；内质火香气馥郁隽永，具有特殊的"岩韵"（岩骨花香），香浓锐；汤色橙黄，清澈艳丽，特有的滋味"兰花香"味浓醇厚回甘，润滑爽口；叶底柔软匀亮，边缘朱红或起红点泛现，中央叶肉浅黄绿色，叶脉浅黄色，"绿叶镶红边"，呈"三分红七分绿"。"岩骨花香"久久回荡。

冲泡武夷岩茶时，茶与水的比例为 1：12.5，投茶量 8 克，水 100 克（水 100 毫升）；主要泡茶具首选"三才碗"盖碗（投茶后，摇香，注水要快冲向茶碗，盖上茶盖），也可选用容量在 90~150 毫升的紫砂壶（投茶后，注水要快冲向壶内，盖上壶盖）；适宜用水开沸点摄氏 100 度（℃）时冲泡茶叶。

图片来源：《中国茶谱》

TUESDAY. DEC 18, 2018

2018 年 12 月 18 日

农历戊戌年·十一月十二

星期二

今日记录

花砖茶（千两茶）

花砖茶（千两茶），黑茶类，始创于清道光年间（1821~1850）的湖南省安化县江南一带。以每卷（支）的茶叶净含量合老秤一千两而得名，因其外表的篾篓包装成花格状，故又名花卷茶、千两茶。上世纪五十年代末，白沙溪茶厂始创了以机械生产花卷茶砖取代千两茶，停止了千两茶的生产（1983年恢复），花卷茶砖也称花砖茶。

花砖茶形状虽然与花卷不同但内质基本相同压制花砖茶的原料大部份间用的是三级湖南黑毛茶及少量降级的二级湖南黑毛茶总含梗量不超过15%。生产干毛茶原料的鲜叶，一般采用大叶种，采摘标准为一芽4~5叶及成熟对夹叶，此类鲜叶制成的干毛茶一般为二级6等，三级7、8等。黑茶鲜叶采摘不忌讳雨水叶，不采虫叶、病叶。

花砖茶压制要经过筛分、风选、破碎、拼配工序制成半成品，半成品再经过蒸压、烘焙与包装，才制成成品。

成品花砖茶外形长35厘米、宽18厘米、厚3.8厘米，每片砖净重均为2公斤；正面边有花纹，砖面色泽黑褐；内质香气纯正，滋味浓厚微涩，汤色红黄微暗，叶底暗褐尚匀。

花砖茶主要是泡饮。茶水比为1：30左右，粗老砖茶为1：20；选用紫砂壶、陶壶泡花砖茶，投茶量7克；选用如意杯（飘逸杯）泡花砖茶，投茶量15克；均用摄氏100度（℃）沸水冲泡。

图片来源：《中国茶谱》

星期三

十二月十九日

 今日记录

广东大叶青

广东大叶青，黄茶类，产于广东省韶关、肇庆、湛江等县市。创制于明代，为历史名茶。

广东大叶青采用大叶种茶树鲜叶制成，选用鲜叶标准是1芽2~3叶要求鲜叶匀净、鲜活。进厂鲜叶及时摊放严防鲜叶损伤或发热红变。

制茶工艺工序是萎凋、杀青、揉捻、闷黄（堆）、干燥。除具有黄茶加工特有的闷黄工序外，还增加了萎凋工序。

成品广东大叶青茶叶的外形是条索肥壮，紧结重实，老嫩均匀，叶张完整，芽毫显露，色泽青润显黄，内质香气纯正；冲泡后汤色橙黄明亮，滋味浓醇回甘；叶底呈淡黄色。

冲泡广东大叶青时，茶与水的比例为1∶50，投茶量3克，水150克（水150毫升）；主要泡茶具首选"三才碗"（盖碗）、瓷壶，也可用玻璃杯；适宜用水开沸点，静候待水温降至摄氏85~90度（℃）时冲泡茶叶。

THURSDAY. DEC 20，2018

2018 年 12 月 20 日

农历戊戌年·十一月十四

星期四

今日记录

单道开饮茶苏

唐代陆羽《茶经七之事》引《艺术传》曰："敦煌人单道开，不畏寒暑，常服小石子，所服药有松、桂、蜜之气，所饮茶苏而已。"单道开，姓孟，晋代人。以隐为栖，修行辟谷，七年，他自身逐渐达到冬季自暖、夏季自凉，昼夜不卧，一日可行七百余里。后来移居河南临漳县昭德寺，设禅室坐禅，以饮茶定神驱困。后入广东罗浮山百余岁而卒。

所谓"茶苏"，是一种用茶和紫苏调剂的饮料。

星期五

十二月二十一日

今日记录

茶和二十四节气时令·冬至

"冬至"是每年二十四节气中的第 22 个节气。冬至过后，全国各地气候都进入一个最寒冷的阶段"数九"寒冬。华南沿海的平均气温则在 10℃以上。这时的茶树在冬季休眠期，停止采摘制茶。

"冬至"节气里，喝什么茶？冬至时节，顺应养藏阳气，滋益阴精。保护呼吸道和胃肠，保暖祛寒。适宜饮黑茶（普洱熟茶、六堡茶、金尖茶、砖茶，均在 3 年以上）。红茶（荒树红茶、陈年红茶）、乌龙茶（有焙火工序的乌龙茶）、白茶（白牡丹、寿眉，均在 5 年以上）。还要注意喝热茶水，不喝凉了的茶水。

十二月二十二日 冬至

一九第一日

🕊 今日记录

茶道图

元墓壁画 茶道图（元）佚名 彩绘壁画

画面生动地再现了元代的饮茶习俗饮茶场面。长桌上有内置长匙的大碗、白瓷黑托茶盏、绿釉小罐、双耳瓶。桌前侧跪一女子，左手持棍拨动炭火，右手扶着炭火中的执壶。桌后三人：右侧一女子，手托一茶盏；中间一男子，双手执壶，正向旁侧女子手中盏内注水；左侧女子一手端碗，一手持红色筷子搅拌。

星期日

十二月二十三日

一九第二日

今日记录

蒙顶黄芽

蒙顶黄芽，黄茶类，产于四川省雅安市蒙顶山，为历史名茶。蒙顶茶栽培始于西汉，距今已有二千年的历史。

春分时节，当茶树上有百分之十左右的芽头鳞片展开，即可开园采摘。选用鲜叶标准是独芽和1芽1叶初展，要求芽头肥壮匀齐，每500克鲜芽0.8~1万个。采摘时严格做到"五不采"，即紫芽、病虫为害芽、露水芽、瘦芽、空心芽不采。采回的嫩芽要及摊放，及时加工。

制茶工艺工序是杀青、初包、二炒、复包、三炒、堆积摊放、整形提毫、烘焙。包黄是形成蒙顶黄芽品质特点的关键工序。由于芽叶特嫩，要求制工精细。

成品蒙顶黄芽茶叶的外形是条索扁直，芽条匀整，黄毫显露、色泽嫩黄油润，清香浓郁，汤黄明亮，滋味鲜醇回甘，叶底全芽嫩黄匀齐。"黄叶黄汤"特点鲜明。

冲泡蒙顶黄芽时，采用上投泡法为最佳。茶与水的比例为1：50，投茶量3克，水150克（水150毫升）；主要泡茶具宜用无色透明玻璃杯；适宜用开水100度（℃）小量倒入玻璃杯温杯预热后倒去，然后倒入五分之三的摄氏80度（℃）的热水在玻璃杯中，这时才投入蒙顶黄芽茶叶，再注入热水至五分之四。

星期一

 今日记录

一九第三日

永春佛手

永春佛手，青茶（乌龙茶）类，永春佛手茶又名香橼种、雪梨，因其形似佛手、名贵胜金，又称"金佛手"，主产于福建省永春县苏坑、玉斗、锦斗和桂洋等乡镇，为新创名茶。

一年春、夏、秋茶季皆可生产茶，春茶开采于 4 月中旬，秋冬茶于 11 月结束。永春佛手茶选用佛手茶树品种茶树鲜叶为原料，鲜叶似佛手柑叶，叶肉肥厚丰润，质地柔软绵韧，采摘标准是驻芽 2~4 叶。要求采顶叶小开面至中开面（3 至 5 分成熟）驻芽 2 至 4 叶嫩梢及对夹叶，春、秋茶采"中开面"，夏暑茶采"小开面"。采摘时应根据新梢成熟度、芽叶大小、生长部位分批多次采摘，采下成熟度较一致的芽叶；大面积茶园提前嫩采，分 2 至 3 批次采摘；新梢大的和小的分开采摘，分开制作。

制茶工艺工序是初制工艺基本流程为晒青、凉青、摇青、杀青、揉捻、初烘、包揉、复烘、复包揉、足火。

成品永春佛手茶叶外形条索条索肥壮卷圆结、粗壮肥重，色泽砂绿乌润；内质香气浓锐持长，优质品有似雪梨香，上品具有香橼香；汤色金黄透亮，滋味醇甘厚；叶底柔软，叶张圆而大。

冲泡永春佛手时，茶与水的比例为 1:12.5，投茶量 8 克，水 100 克（水 100 毫升）；主要泡茶具"三才碗"盖碗（投茶后，摇香，注水快冲，盖上茶盖），也可用紫砂壶（投茶后，注水要快冲向壶内，盖上壶盖）；适宜用水开沸点，静候降至摄氏 100 度（℃）时冲泡茶叶。

图片来源：《中国茶谱》

TUESDAY. DEC 25, 2018

2018 年 12 月 25 日

农历戊戌年·十一月十九

星期二

十二月二十五日

一九
第四日

🥄 今日记录

瀑布仙茗

瀑布仙茗，绿茶，产于浙江省余姚市，为历史名茶。又称瀑布茶。

谷雨前开始采摘。采用鸠坑、迎霜、龙井43、翠峰等良种茶树鲜叶为原料，选用鲜叶标准是单芽至1芽3叶初展不等，分3个等级。

制茶工艺工序是杀青、轻揉、二青理条、炒干。主要有手工抛、抖、理、按、搓、截、抓、翻、甩等。二青理条是瀑布仙茗茶炒制过程的关键工序，通过理条做形达成纤细苗秀的外形。

成品瀑布仙茗茶叶的外形是条索纤细苗秀、紧结，色泽绿翠；香气高雅持久；汤色嫩绿清澈明亮，滋味鲜醇爽口，叶底细嫩明活。

冲泡瀑布仙茗茶时，泡茶具首选宜兴紫砂壶，茶与水的比例为1∶30，投茶量3克，水90克（水90毫升），第一泡注水1分钟润茶后倒去，第二杯品饮；选用玻璃杯、"三才碗"（盖碗），茶与水的比例为1∶50，投茶量3克，水150克（水150毫升）。均适宜用水开沸点，静候待水温降至摄氏85度（℃）时冲泡茶叶。

据晋王浮《神异记》："余姚人虞洪，入山采茗，遇一道士，牵三青牛，引洪至瀑布山，曰：'予，丹丘子也，闻子善具饮，常思见惠。山中有大茗，可以相给。祈子他日有瓯牺之余，乞相遗也。因立奠祀。后常令家人入山，获大茗焉。"以此推算，余姚产茶已有1500年的历史了。

图片来源：《中国茶谱》

星期三

十二月二十六日

一九第五日

 今日记录

莫干黄芽

莫干黄芽，属于黄茶，产于浙江省德清县莫干山，为20世纪70年代后期恢复的历史名茶。

4月上中旬开始采摘。清明前后所采称"芽茶"，夏初所采称"梅尖"，七、八月所采称"秋白"，十月所采称"小春"；春茶又有芽茶、毛尖、明前及雨前之分，以芽茶最为细嫩，于清明与谷雨间采摘。选用鲜叶标准是1芽1叶、1芽2叶。

制茶工艺工序是（经芽叶拣剔分等）摊放、杀青、轻揉、理条、微渥堆（闷黄）、烘焙干燥、过筛。

成品莫干黄芽茶叶的外形是条索紧细，形似莲心，茸毫显露，色泽嫩黄绿润；内质高香清鲜芬芳持久；汤色黄绿清澈，滋味鲜爽浓醇，叶底嫩黄成朵。

冲泡莫干黄芽时，茶与水的比例为1∶50，投茶量3克，水150克(水150毫升)；主要泡茶具首选"三才碗"（盖碗）、紫砂壶，也可用玻璃杯；适宜用水开沸点，静候待水温降至摄氏85度（℃）时冲泡茶叶。

星期四

十二月二十七日

一九第六日

 今日记录

千岛玉叶

千岛玉叶，绿茶类，产自浙江省淳安县千岛湖畔。创制于 20 世纪 80 年代。

清明前后采摘，采用传统茶树良种鸠坑和现代良种乌牛早、迎霜等品种茶树鲜叶为原料，选用鲜叶标准是 1 芽 1 叶至 1 芽 2 叶初展。

制茶工艺工序是摊放、青锅、回潮、辉锅。

成品千岛玉叶茶叶的外形是条直扁平，挺似玉叶；芽壮显毫，翠绿嫩黄；香气清高，隽永持久；滋味醇厚，鲜爽耐泡；汤色明亮，厚实匀齐。

冲泡千岛玉叶时，茶与水的比例为 1：50，投茶量 3 克，水 150 克(水 150 毫升)；主要泡茶具首选"三才碗"(盖碗)，也可用玻璃杯；适宜用水开沸点，静候待水温降至摄氏 80 度（℃）时冲泡茶叶。

图片来源：《中国茶谱》

FRIDAY. DEC 28，2018

2018 年 12 月 28 日

农历戊戌年·十一月廿二

星期五

十二月二十八日

一九第七日

 今日记录

黑砖茶

黑砖茶，黑茶类，湖南省安化白沙溪，创于 1939 年。黑砖茶原料选自安化、桃江、益阳、汉寿、宁乡等县茶厂生产的优质黑毛茶。压制黑砖茶的原料成份为 80% 的三级黑毛茶和 15% 的四级黑毛茶，以及 5% 的其他茶，总含梗量不超过 18%。不同级别的毛茶进厂后，要进行筛分、风选、破碎、拼堆等工序，制成合乎规格的半成品，做到形态均匀、质量纯净。半成品再经过蒸压、烘焙、包装等工序。

黑砖茶的外形为长方砖形，长 35 厘米、宽 18 厘米、厚 3.5 厘米，每片砖净重均为 2 公斤。砖面色泽黑褐，内质香气纯正，滋味浓厚微涩，汤色红黄微暗，叶底老嫩尚匀。泡饮时达到汤红不浊，香清不粗，味厚不涩，口劲强，耐冲泡为佳。

黑砖茶烹煮法，主泡茶具耐高温玻璃壶、陶壶、铁壶，茶 7 克，水 175 克，茶与水比 1：25；投茶并用沸水润茶后倒去，再注入冷泉水，放置电陶炉上煮至沸腾（专人全程事茶）。

黑砖茶泡饮法，直接冲泡饮用，主泡茶具首选"三才碗"（盖碗）、紫砂壶，也可用飘逸杯；茶 7 克，水 210 克，茶与水比 1：30；投茶并用沸水润茶后倒去，再用摄氏 100 度（℃）开水冲泡。

黑砖茶调饮奶茶，将黑砖茶敲碎，投入沸水中，投茶与水比例 1：20，熬煮（专人全程事茶）10 分钟后，加入相当于茶汤量四分之一至五分之一的鲜奶（纯牛奶），煮开，然后用滤网滤去茶渣即成。

图片来源：《中国茶谱》

十二月二十九日

一九第八日

今日记录

黔江银钩

黔江银钩，绿茶类，产于贵州省湄潭县。创制于1990年。

清明前后10~12天采摘，采用福鼎大白茶品种茶树鲜叶为原料，选用鲜叶标准是1芽1叶至1芽2叶初展。

制茶工艺工序是杀青、摊凉、揉捻、揉团提毫、烘焙、摊放、复火。

成品黔江银钩茶叶的外形是形似鱼钩，紧结壮实，白毫显露如银；汤色清澈黄绿、明亮，香气鲜浓持久、带花香；滋味鲜醇甘爽；叶底嫩绿匀亮鲜活。

冲泡黔江银钩时，茶与水的比例为1：50，投茶量3克，水150克(水150毫升)；主要泡茶具首选"三才碗"(盖碗)，也可用玻璃杯；适宜用水开沸点，静候待水温降至摄氏80度（℃）时冲泡茶叶。

图片来源：《中国茶谱》

十二月三十日

一九第九日

🕊 今日记录

三杯香茶

三杯香茶，绿茶类，产于浙江省泰顺县，创制于 20 世纪 70 年代后期。

2 月中旬至 5 月中旬采摘。采用主要是鸡坑群体种茶树鲜叶为原料，选用鲜叶标准是 1 芽 2 叶、1 芽 3 叶初展，要求优质芽叶。制茶工艺工序是摊放、杀青、揉捻、初烘、复炒、足干。

成品三杯香茶茶叶的外形是条索细紧苗秀，色泽翠绿油润；内质栗香持久，三杯犹存余香，汤色黄绿明亮，滋味鲜爽醇厚，叶底淡黄绿。

冲泡三杯香茶时，泡茶具选宜兴紫砂壶，茶与水的比例为 1∶40，投茶量 3 克，水 120 克（水 120 毫升），第一泡注水 1 分钟润茶后倒去，第二杯品饮；选用"三才碗"（盖碗），茶与水的比例为 1∶50，投茶量 3 克，水 150 克（水 150 毫升）。均适宜用水开沸点，静候待水温降至摄氏 85 度（℃）时冲泡茶叶。

图片来源：《中国茶谱》

星期一

十二月三十一日

二九第一日

 今日记录

《中国茶历》索引

节气茶

节气饮茶

节日饮茶

茶旅游

0118 茶旅游·新会
0512 茶旅游·杭州
0524 茶旅游·嘉阳
0528 茶旅游·贵阳·都匀
0529 茶旅游·苏州
0530 茶旅游·雅安
0531 茶旅游·婺源
0612 茶旅游·西双版纳
0623 茶旅游·临沧
0624 茶旅游·大理
0626 茶旅游·普洱古(新)六大
　　茶山
0703 茶旅游·宜兴
0705 茶旅游·信阳
0809 茶旅游·安吉
0812 茶旅游·湄潭

0816 茶旅游·青岛·崂山
0818 茶旅游·峨眉山
0820 茶旅游·焦作云台山
0902 茶旅游·汉中
0917 茶旅游·黄山
0920 茶旅游·安化
0922 茶旅游·湖州
1002 茶旅游·安溪
1007 茶旅游·恩施
1013 茶旅游·潮州
1014 茶旅游·福鼎
1015 茶旅游·福州
1020 茶旅游·武夷山
1127 茶旅游·梧州
1129 茶旅游·英德

茶博物馆

0107 中国茶叶博物馆
0112 湖州陆羽茶文化博物馆
0113 临湘砖茶博物馆
0117 中国黑茶博物馆
0225 天福茶博物院
0519 黄山松萝茶文化博物馆
0520 黄山太平猴魁博物馆
0620 北京茶叶博物馆
0625 贵州茶文化生态博物馆中心馆
0627 湖南茶叶博物馆

0629 江南茶文化博物馆
0704 蒙山世界茶文化博物馆
0711 云南茶文化博物馆
0718 青岛崂山茶文化博物馆
0719 祁红博物馆
0810 鲁西茶文化博物馆
0907 安溪三和茶文化博物馆
1109 阳羡茶文化博物馆
1111 黄山徽茶文化博物馆
1125 台湾坪林茶业博物馆

饮茶画

茶经典

茶典故

1216 太湖翠竹

1217 天目青顶

1226 瀑布仙茗

1228 千岛玉叶

1230 黔江银钩

1231 三杯香茶

黄茶（类）

0310 沩山毛尖

0503 霍山黄芽

1121 君山银针

1220 广东大叶青

1224 蒙顶黄芽

1227 莫干黄芽

白茶（类）

0111 白牡丹

0211 寿眉

0608 白毫银针

青茶（类）

0110 闽南水仙

0123 漳平水仙茶饼

0906 安溪铁观音

0930 冻顶乌龙

1004 凤凰单丛

1011 高山乌龙

1018 黄金桂

1025 金萱茶

1103 闽北乌龙

1105 本山

1117 椪风乌龙

1124 饶平奇兰

1204 松柏长青茶

1211 文山包种

1218 武夷岩茶

1225 永春佛手

红茶（类）

0101 正山小种红茶

0201 宜红

0303 早白尖功夫红茶

0501 南海 CTC 红碎茶

0601 祁门红茶

0701 金骏眉

0801 英德红茶

0901 坦洋工夫

1001 政和工夫

1022 宁红

1102 白琳工夫

1201 滇红

黑茶（类）

0109 金尖茶

0116 六堡茶

0131 青砖茶

0222 普洱茶

0224 康砖

1205 茯砖茶

1219 花砖茶（千两茶）

1229 黑砖茶

再加工茶

0205 桂花龙井

0214 珠兰花茶

0217 茉莉花茶

0227 碧潭飘雪

0306 龙都香茗

0314 毛尖桂花

0328 荔枝红茶